那些德国人教会我的事情

德国式
物质减法、心灵加法
整理术

〔日〕冲幸子　著

陈亚男　译

山东人民出版社

前言

今天一天过得怎么样呢？

近年来，每天日暮西山时，我总会这样自问。

今天的生活是否让自己满意呢？

有时简简单单、平平淡淡，有时也会让人失望，也会因到了这把年纪还有较大的失误而自责。然而，岁月交织，人不知不觉中也就学会了遇事不再钻牛角尖，逐渐可以坦然接受一切。

虽然不多，但今天的反省的确是让明天更丰富的养分。

睡前5分钟闭目冥思，对我来说是最珍贵的放空、重启时刻。抛弃今天的冗杂，让明天的脚步更轻盈。忘却烦恼，怡然向眠。

对生命中那些平淡的日子，我们心怀感激，这些会成为明天生活的能量、幸福的导航。

将纷扰凌乱的日子，当作只是自己修行不够，并以平常心对待，不去过多追究、执问。

遇到悲伤痛苦的事情，我们仍然要边流着泪，边想办法为自己疗伤。

对世事关心之余，也要让自己无论遇到好事或坏事都能冷静、客观地思考。

人生就是如此，只要活着，悲伤、痛苦、遗憾、快乐都是日常茶饭。

流泪、失望、愤怒只会徒增身心负担。

心情沉重或灰暗时，我们更要保持冷静，尽量不被负面情绪左右。

快乐、开心给予身心的才是满满的正能量。

不妨对着天空张开双臂开怀大笑，彻底解放身心，赞颂美好的一切。

感谢那些生长在路边的不知名的杂草为世界添绿，每天抽出片刻的家务时间，享受生活中微小的新发现。

不花费金钱，也不耗费过多的时间，期待用这样的习惯来充实晚年生活。

我们与其期待长寿，不如用心经营好每天的生活，让身心更加充盈、丰腴。

丰盈人生的智慧、方法因人而异，却永远只存在于我们自己的生活之中。

在充实的生活中逐渐成熟，最后你会发现维持生活的必需品越来越少。

从现在开始，我们逐渐从多余物品中抽身，物质减少了心灵就会更加丰富、轻盈。

"减少"生活中的物品，"增加"心灵丰富度。

今天开始了解自己的心灵与身体需求，培养不造成身心负担的打扫与整理习惯。

正是依靠多年积累的生活经验，如今的我们才能做得到。

今后的"余生"不去做束发拼命的"女汉子"，只想用丰蕴积聚的能量，积极地、娴熟地、优雅地、稍带帅气地生活。

我们带着过往的经历、曾经的体验，还有人过中年蓄积的自信，慢慢踏上璀璨的生活，这才是最幸福的快乐人生。

此书的累累赘语，也许会让你涌现出超乎想象的能量，帮助你享受未来的人生，重新发现让自己更幸福的秘诀，这将是我最大的荣幸！

冲幸子

目 录

Contents

第4章【丰富篇】　让生活更快乐的心灵加法

第 1 章【法则篇】

时刻提醒自己

"物质做减法，心灵做加法"

童年的干净记忆

我曾作为志愿者，前往年迈老人的住处服务，看到房间脏污，环境脏乱到根本无法打扫时，内心隐隐作痛。

老人年至高龄，身体机能衰退，收拾物品及扫除脏污的体力、兴致也许都大不如前；也可能是因为每个人认定的脏乱程度不同，居住者可以接受这样的环境。

我发现虽然每个人的家的感觉都不太一样，却在无言诉说着主人不同的人生。

人愈到高龄，愈希望听到别人的赞美和认同："老人家，你的生活很精致、滋润啊。"我也毫不例外。

我想，这种想法可能源自孩提时代的记忆。

我们家有一位非常爱干净的外婆，她是母亲的干妈。每次去她家，我总是被外婆家擦得锃亮锃亮的炉灶吸引。

那时用燃气炉灶还是件新奇的事，那份好奇现在还恍如昨日。

外婆言传身教的习惯
使用炉灶后，趁炉灶尚温，用毛巾擦拭脏污，顽固污渍也可以轻松擦掉。

外婆经常为我做好多菜品，料理结束后，她会立即用湿抹布将炉灶整体仔细地擦个遍，手势连贯，一气呵成。因为炉灶尚有余热，污渍比较好清理，所以我养成了"用完立刻清洁"的习惯。

巧合的是，数年后，我到德国生活时，发现爱干净的德国人教我的清洁习惯也与这一点雷同。也就是说，德国人与五十多年前的日本老奶奶拥有同样的生活智慧。

炎炎夏日中，外婆喜欢在厨房的前庭，点缀一些可爱洁白的花朵。它们与厨房中外婆那娴熟优雅的身姿相叠韵，模糊了儿时苍白的岁月，却清晰了斑驳的记忆！

无论我们是否喜欢扫除，若能在体力尚佳的年轻时分，养成不留脏污的习惯，年纪渐长之后，便能维持清洁干净的生活环境。

轻松摆平"上了年纪也可以完成的扫除"

扫除本来就是一件耗费体力和时间的事情。即使酷爱扫除的人（喜欢扫除的日本人并不是很多），也许年轻时不觉辛苦的清理工作，年纪大了做起来却常常力不从心。

一旦进入人生成熟阶段，我们就必须好好思考将来的自己，看清现实并做好心理准备。这并非危言耸听，身体衰老虽然可能有办法使之延缓，却无法完全阻止。

所以，我们从现在就开始着手"准备运动"吧，寻找即使上了年纪也可以轻松搞定的扫除方法。

开始寻找适合自己的扫除方法的时间越早越好，越年轻越容易掌握，也是越理想的状态，但现在开始也绝对不晚。

"你可以不喜欢扫除，但你必须擅长。"这是我对公司新入职员工的基本要求。

专业人做专业事——写在公司训练手册的扉页。

打扫专家的精神：必须思考如何在规定的时间内把家里打

体力减法扫除（1）
每周一次，用干拖布擦拭地板。平时用吸尘器，只需要 5 分钟。

体力减法扫除（2）
喜爱的小巧装饰物放在角落的柜子上，灰尘可是大敌。掸子是我家清理灰尘的"大功臣"，
也可以用毛巾代替。

扫得一干二净。

不做无意义的活动，身体便不会疲劳。

知之与不知的结果大相径庭。

为了大家将来都能做一个"干净的优雅女人"，现在我给大家介绍些专业扫除技巧。

在此我要强调的是，一个清洁而美丽的房间的标准，必须是自己以外的人看了也认为很美好。美丽，是对房间的一个客观评价。

宜居清洁的房间让他人轻松释然，这是美好的。

当然，居住的人也会舒心恬然，度过快乐的每一天。

用不纠结的方法做"物质减法"

也许是当下"断舍离""老前整理"等观念流行的缘故，大家对"物质减法"越来越关心。

诚然，为了拥有一个舒适简约的家和一份悠然恬静的老年生活，今后我们要一点点减少物质的羁绊。

而且，曾经整理过父母或亲戚遗物的人不妨回想当时情形：是否东西越多，整理起来越辛苦？

我们自己尚在时，将物品妥善整理，善始善终，不也很好吗？不给他人留下纷乱，漂亮地前往另一个世界。

想到这些，我不禁意识到自己身边的物品太多了……

可是，当我决定"抛弃无用的，过简约生活"，冷不丁地将自己周围的物品尝试一口气处理完时，结果却不尽如人意，反而会造成心理负担，整天郁郁寡欢，总觉得有件事没有完成。

其实，也有些朋友突然去做不习惯的事情，每天被压得喘不过气，又加之更年期的坏心情便陷入忧郁状态。

每次使用完水槽后，用毛巾将洒落的水滴擦拭干净，养成这样的习惯，水槽平时也会亮晶晶的。料理和清洗时也会增添一分惬意。

（上）迈森①的食器是我在德国生活时一点点收集的。每层餐具柜都放固定餐具。

（下）可爱的泰迪熊是我难以放手的爱物。给自己点时间，让自己努力学会接受分别。

---

①译者注：迈森，德国"瓷器之都"，有欧洲最古老的瓷器工厂。

对一般人而言，没有足够的思想准备，忽然改变生活习惯也不是件容易的事。

为了在轻松释然的房间里，享受"心灵加法"，过丰富而充实的生活，我对物品做了整理。但事后，我也常常有"如果不扔那个就好了"的惋惜心情。

你的房间是一面镜子，映照出你的模样。

既然如此，你是不是更应该好好珍惜自己的家？

最好的方法就是划分好物品的处理时间，慢慢丢弃，循序渐进地做"减法"。

父亲89岁过世，在此之前，他曾用十年时间，一点点减少自己的物品。

6张榻榻米大的一间书房里（译者注：约9平方米），原本放着书桌和椅子，但自从父亲开始坐轮椅之后，不知何时椅子和书桌都没了，到最后只剩下床和几件衣服。

杂志和书籍也被父亲一点点舍弃了，最后只剩下30本历史书和古典全集。

那些书籍是世界上独一无二的父亲特地留在身边随时阅读

的爱书。他过世后便转给了我，现在被我收在森林小屋里，打算夏季居住时慢慢品读。

父亲原本就是一个不看重物质生活的人，性情简单从容。他自然会将物品及过去的回忆，从自己身边舍弃。

我和父亲正好相反，是个很怀旧的人。所以我开始采用与父亲不同的方法，以每天一件为目标，逐步减少身边物品。

即使如此，对于难以抛弃的物品，我还是设定了"自我减物规则"。

按此规则，去年我减少了超过 365 件的物品了。

当我想增加物品时，自己也制定规则，逐渐就可以很好地控制自己的购物行为。

为十年后、二十年后的生活考虑，我们要养成"物质减法"的习惯，才能连同过去人生积累下来的"心灵杂物"一起整理清除。

物品并不是越少越好。比如，选择好养、生命力顽强的花草放在室内。你看，单单一盆绿色植物，房间的氛围立即平添了几分柔情与雅润，看着就心旷神怡。

镜子亮晶晶小妙招——毛巾上放少量沐浴露或肥皂擦拭，下次再擦时，就不会模糊昏暗了。

相信"心灵加法"的神奇力量

某次聚会遇到一位"看起来年纪颇长"的人，最后发现他竟和我同年高中毕业，不禁愕然。

原本自负地认为自己尚年轻，但在他人眼中，我到底是"和年纪相符，还是苍老许多？"此后，我经常站在镜子前，惴惴不安地端详镜子里的那个自己。

相信很多人都期望自己比实际年龄年轻几岁。

三四十岁之前，外表年龄与实际年龄相差不大，但到了五六十岁时，外表的老化的程度就一下子明显起来。

我们外表年龄与实际年龄产生相异的原因可能和一直以来自己的生活方式、生存方式有很大关系。

前几天，我与一位 91 岁的老人一起打高尔夫球。他虽然高龄，但腿脚强健，声朗气足，在场的球友年龄都比他小，我们很担心他的体力能不能撑下去，没想到他却轻松地一杆入洞。

"老当益壮啊！"我们这样赞叹时，他竟反过来激励我们：

"在这平淡无聊的世界中，拥有自己的理想是最重要的，哪怕它很渺小。"

充满希望、乐观向上的人，无论 80 岁还是 90 岁，都闪烁着青春的光芒，感染着身边的人。

生活中物质做减法，整理物品；希望做加法，锤炼心灵。这样度过阳光而快乐的人生，不是很重要吗？

罗马不是一日建成的。我们若想历经沧桑后，还能保持年轻而有活力的形象，仅靠简单粗糙的化妆是不行的。最重要的是，保持一颗平常心，平日里不断细心呵护。

每每岁月增移，保持心灵的丰盈和稳健，并尽量积蓄，尽量多补充，一直做加法。

"让这个无趣的世界变得有趣吧！能否得偿所愿完全取决于自己的内心"是高杉晋作①在弥留之际留下的短歌，他认为人生在世最重要的是积极进取的心。一个人拥有什么样的心灵，将大大改变自己的人生。

---

①译者注：高杉晋作，日本幕府末期著名的政治家和军事家。

我喜欢在生活的各方面及细微之处用心经营，让生活充满快乐。

　　我用心体验、呵护人生的每个细节，简单地微笑着走过每一个晨夕，即使会有辛酸、痛苦，也不曾动摇内心，甚至能克服所有难题。

我的森林小屋
这里有专用藏书角，收藏着父亲遗留的书籍。

即使是客厅，细小装饰物也控制在最少限度。

窗边的烛台，已有二十年的历史，为我所钟爱。随着时间流逝，渐渐散发出独有的风韵和古色古香的味道。

第 2 章【扫除篇】

让居住环境保持清洁

厨 房

我家的厨房没有多余物品，一直很整洁。因为我一直遵守"适当
库存率"（详见 112 页）原则。

在舒适的房间里过生活

三四十岁时的我总以工作繁忙为理由，讨厌彻底地大扫除，一直庸庸度日。

偶尔想到充满灰尘及脏污的家时，我的内心总会自责、内疚。

我们行色匆匆，早晨早早离家；天色渐暗，才结束工作回到家里。也许，就是因为过着这样忙碌的生活，才能毫不在意地住在充满灰尘及脏污的环境里吧。

那时我尚年轻，身体好，心气儿也足，有足够的气力应付脏乱的家。

即使这样，每次回到家看到脏污的房间，身心的疲倦又增加了几分。

回想那段日子，也许是我年少不懂得生活，才使它苦涩仿佛梦魇。

现在的我，可以长时间在家，根本无法想象住在不舒服的环境中是什么感觉。

讨厌扫除的我，开始"喜欢整理"

我的保洁服务公司成立至今已有二十七年。

我曾是那样厌烦扫除，是什么机缘让我爱上这行呢？

我想，在德国生活的那段时间是我人生的最大转折点。

那时，我在原工作单位辞职，开始旅德生活。

我在德国租了一间房子，房东是有清洁癖的人，有一次，她严厉地提醒我"玻璃窗太脏了"，并给我介绍了一个专业的玻璃清洁公司。正是以此为机缘，我开始了截然不同的生活。

在当时的日本，家务活完全是主妇的工作，只有在人手不够时，才会请打扫阿姨来帮忙。

日本虽然有大厦保洁公司，却没有帮忙清理一般家庭的专业公司。

在日本时，我曾成立过帮人家打扫的团队，还外包给兼职女大学生。虽然我们称不上专业，但是当人们泡在打扫得闪闪发亮的浴缸里，享受暖呼呼的热水时，总有一种无法言状的幸

自从被房东批评以后，我小心翼翼地生活，住处的玻璃窗总是亮闪闪的。
上了年纪后，为了保持室内洁净，我会每次清洁一块榻榻米大小的空间。也许，我们越上年纪，时间、场所、范围等定量扫除会越重要。了解自己的心情、体力，不勉强，不逞强，适当安排好清洁工作。

福感。

因此，当我在德国"邂逅"专业的保洁公司时，心里的那份感动一直在扩张、膨胀。

于是我决定：回到日本后，我也要开一家保洁公司，公司的名称就叫"Frau Grupe"（葛鲁佩夫人）。

也许，读者已经猜到了，葛鲁佩正是给我人生带来巨大改变的恩人，那个略带恐怖的"洁癖魔女"房东。

"请在污渍形成前扫除！"

房东太太和我说的话，至今令我记忆犹新。

她说："如果你自己搞不定，就像我一样请专家来处理。没有时间，抑或没有体力，都构不成家里脏的理由。如果自己做不了，那么就委托给他人。如果自己能做，就在污渍形成之前清理干净。"

"污渍形成前？"我有些疑问。

她回答："嗯，即使还没有看出污渍，也要定期地擦拭、扫除，这样房间里随时都可以干干净净。"

这是我在德国学到的，也是至今一直实践的扫除术中最重要的一点。

"污渍形成前？是什么意思？"许多人都会这样问，其实道理很简单。

污渍有"看得见的顽渍"和"看不见的污渍"两种。

顽渍是看不见的脏日积月累，终于有一天"大白天下"的结果。

我们搞定顽渍，必须用力刷洗，不仅耗费一些时间与体力，还得准备扫除工具。

看不见的污渍，我们只是轻轻地拂拭、擦擦就可以简单搞定。

你的身体与心灵健康亦是如此，一定要在问题尚未发生前先行处理或定期释放压力，这一点是最重要的。我们不要因为"看到脏污就烦"而扫除，而以"保持洁净"为打扫理念才是养成习惯的原动力。

玄 关

这是我家的玄关。以——"可以赤脚走路"为打扫理念。

虽说如此，但它并不需要做"特别功课"。发现污渍，立即擦拭。铺的地毯略见凌乱，立即掀起一端整理好。小辛劳带来大洁净。

现在是改变生活的最后一道"起跑线"

保持一个洁净的家，对于充实地度过每一天来说很重要！

为此，家务及扫除可以委托给别人来做，但是重要部分必须你自己来做。

我们年轻时有充沛体力，尚可孜孜不倦、细致入微地将家里拾掇得干干净净，但随着年龄增长，无论身体还是心灵，总会感觉扫除是件麻烦事儿。

隐世者姑且不论，像我们这样的平常人绝不可能因为上了年纪就放弃扫除或整理。

既然如此，怎样做才能顺意畅心呢？

答案很简单，只要改变今后的扫除方法，换成可轻易完成、完全不费力的方法就可以了。

是的，也就是毫无多余动作，短时间即可搞定的"智慧扫除"。

删减多余动作，身心都会得到释放而轻松。

这里陈述的，是我在工作、书籍中或电视与杂志采访时多次宣扬的专业"清洁妙法"。

我们结合具体情况，充分利用书中精髓，将"减法扫除"娴熟掌握，不浪费时间，不消耗过多体力，品味细致整洁的生活。这才是最大的秘诀。

最完美的扫除是不花时间和体力即可完成。

所以，高效扫除是将体力和时间最大限度地做减法。你不将时间与体力花在打扫上，身心就不会疲惫，过得从容自在。我们将一周的大部分时间从扫除中解放出来，余出的时间为己所用，度过宽裕而充足的每一天。这才是最贴切、真实的"心灵加法"。

轻松快乐减法扫除四原则

我认识一位 55 岁的全职家庭主妇 A 太太。她每天花好几个小时打扫家里，只要觉得"这里脏了"，无论消耗多少时间，也会孜孜不倦地清扫干净。虽然以"最爱扫除"自诩，但抱歉的是，她的家看起来一点也不干净。对不起……在专业人士看来，整天为扫除忙得手忙脚乱的人，家里反而马马虎虎。

也许，她自己认为家里已经很干净了，但在别人看来呢？她没有考虑他人的眼光。努力擦得闪闪发亮的部分，只是那一部分干净了，根本不管周围地方如何，或其他地方干不干净？——这就是只见树木不见林的打扫方式。

像她这样不管在扫除上花费多少工夫，别人看来却一点也不整洁的例子很多。

就连爱干净的德国人，也会在暗地里嘲笑那些爱扫除、每天只会清扫的人，戏称他们为"打扫狂"。

但偶尔扫除，却可以保持房间美丽清洁的人往往被尊为"扫除高手"。

如果主妇整天为家务忙得团团转，耗费心思和体力，结果，却无法让别人惊叹："哇，你家好干净喔！"，那就代表你的家务力没有受到肯定。

其实，我至今也称不上喜欢扫除。

我并不是自夸，确实以"扫除高手"自诩。

虽说我讨厌扫除，但也不喜欢脏乱差的房间，还是居住在美丽恬然的房间最好，让人放松心情，安之若素。

我家里也许称不上"完美无缺"，但总是干干净净，舒适简洁。

无论什么时候来客人，我都不会慌乱。

我一直遵守"四原则"：

1. 简化扫除工具，放在易取易收的规定位置

我一直将扫除工具及洗涤剂的数量控制在最少限度内，做到简洁实用。

我家的扫除工具有掸子、吸尘器和毛巾。洗涤剂有中性洗涤剂和漂白清洁剂两种。

这些就绰绰有余，完全可以保持一个洁净的环境。

我用一块毛巾，就可以打扫整个房间。

利用干毛巾和湿毛巾就可以保持家中洁净。

扫除工具视使用程度，或者清洗，或者归整，确保下次可以直接使用。

2. 养成生活中"减少脏污"的习惯

使用过的物品都要立即"擦一下"。

平时生活中，我都在有意无意之中做污渍减法，不用天天喊着"好！加油干！"那样干劲十足，也可以从污渍中解放出来。

我从德国回到日本后，一直以此为习惯，随着年龄增长，愈发感觉这种扫除的重要性。

3. 不要"同时"且"长时间"重复相同动作

5 分钟内去除不掉的污渍，就算再继续下去也无法去除。

顽固污渍最好分几次擦拭、刷洗，一点一点消除污渍，这样才不会累。

你一定要知道"污渍不会一下子去除"的道理，以这种态度面对所有事情才是最重要的。

我还有一个秘诀：擦拭油污和蹭除水垢不要同时进行。

例如，打扫厨房的油污后，若接着再打扫浴室，一定会很累。油和水在保洁世界里也是不相容的两种物质。

此外，如果擦拭地板和擦玻璃的工作在同一天进行，也会使人很辛苦。

即使你喜欢扫除，身体倍儿棒，也会感到身心俱损。

因此，费力气的擦蹭工作和简单擦拭的劳动要分别进行。

4. 定好扫除的时间和场所

我的口号是"每次只扫一个地方""每次 5 分钟以内"。

擦拭可以去除 70% 的污渍，这种程度看起来已经很干净了。

特别宽敞的地方或需要体力的地方，不要一次性完成，一定要依时间和场所，分几次清理。

极简扫除工具

随着年纪的增长，无论生活方法还是生存方式，简单质朴最好，扫除工具也是一样。

你家里的扫除工具是什么样的？加起来的数量有多少呢？

偶尔也要停下来，思考一下。

我想大部分人的家里有许多"复杂难用""忘了什么时候买的""忘了它的存在"的扫除工具。

扫除工具虽然很重要，要经常使用，但并不需要很特别的物品。掸子、吸尘器、毛巾是我的三大扫除工具，再加上中性洗涤剂和漂白清洁剂，这些就足够了，足以保持平日里环境的清洁。

手中毛巾一块，荡涤所有灰尘。

五年前，我出毛巾打扫书时，读者竟然意想不到的多。

对我来说，扫除是极为正常、理所当然的事情。有次在电视节目介绍书中内容时，当时身为主持人的人气艺人N君竟大唱："冲魔法、冲魔法"的歌词，引起了大家的注目，让我提倡的打扫方法成为人们茶余饭后的有趣话题。

书中介绍的方法是我自经营保洁公司以来，一直温情钻研、亲自实践的终极扫除之法。

其实，它也是我为了自己的老年生活更加舒适清洁而写的书。

"一块毛巾的扫除"，是所有人都应该重视的打扫观念。

一条毛巾，生活便能干净如新

我经营保洁公司已经二十七年了，始终相信：无所谓喜欢，也无所谓讨厌，但一定要"会打扫"。

我多次说过，好的扫除方法，就是不费体力和时间，轻松维持居家整洁。

正是如此，最好的扫除工具就是像毛巾这样易处理，无论什么时候都可以拿出来用的简单物品。

只要善用毛巾，打扫再也不是一件苦差事，还能为体力逐渐衰退、生活日渐忙碌的自己带来洁净舒适的居家生活。

毛巾的五大魔法

仔细想想，毛巾是最好的扫除工具。

它如施了魔法一般，简简单单就可以让家中干净如新。

我大言不惭一些吧，这也许就是所谓的"冲魔法"秘密武器。

下面我总括一下毛巾的五大优点：

1.可以放在任何地方，不占地方

收纳的地方，椅子下、桌子下，哪里都可以。

不占地方，可以立即取出使用。

2.材质好

吸水力好，无论对皮肤还是对家居建筑都很温和。不会因它造成扫除伤痕，可以安心使用。

我使用纯棉的毛巾。

3. 只一块，使用方式广

只要一块毛巾，就可以进行掸、扫、擦、蹭等各种扫除基本动作。

4. 形状可以自由改变

将毛巾缠在手上，它就可以变成刷子。

将它折叠起来，可以擦拭各种物品。

5. 可以多次清洗使用

毛巾如同以前的布质尿布一样，可以洗净晒干后多次使用，实践环保生活。

仅仅"擦拭"，平时就可以很干净

我家每天的扫除只靠一个动作，那就是"擦拭"。

地板每周一次，只花 5 分钟时间，用吸尘器或毛巾，只清理脏了的地方。

"只是那样就能保证清洁吗？"你一定会这样想吧。

因为我早已养成"某种"习惯，所以这是绝对可以实现的。

从德国回到日本以后，我一直保持"减污去脏三动作"的打扫习惯。

简而言之，我在平时生活行动时，就对污渍做了减法。

我不说"好，加油干！"，不这样逞强，也可以从污渍中解放出来。

当然，会扫除是成为扫除高手的重要捷径。

1. 工具用完后，立即擦拭

2. 弄脏了，立即擦拭或扫除

3. 发现脏污，及时处理

这就是我提倡的"减污去脏三动作"。

污渍越积越多，久而久之成为顽固污渍。

最理想的状态是，我们尽量将污渍消灭在"形成"之前。

清晨，忙碌的厨房工作后，洗碗机的洗涤剂洒在了地板上。这时就需要"立即擦拭或扫除"。

仅两分钟左右的擦拭，地板就可以闪亮。

地面污渍、地面扫除，两分钟搞定！这就是我的"减法运算"。

这样，我们一整天的心情都很轻松明快。

或许，这就是所谓的"歪打正着，因祸得福"。

只要我们掌握不需要时间、劳力的方法，习惯"减污去脏三动作"，"污渍增加"的加法运算就会从你的生活中遁形而去，还给你几净窗明的生活空间。

保持房间干净，不积存污渍，自然而然去做，无须刻意，如同早晨必须洗脸一样。

如果"减法扫除"成为你每天理所当然的生活习惯，那你未来也能成为"优雅的老奶奶"。

扫除不能"同时"或"长时间"进行

扫除的四个基本动作:"掸""扫""擦""蹭"。

不辛苦的扫除就是这四个基本动作"不同时进行""不长时间反复进行"。

容我再次强调,如果我们能养成前面介绍的"减污去脏三动作"的好习惯,每天的扫除"只擦"就绰绰有余。

如果我们将它放置不管,以至脏上加脏,那么就得用耗费时间、体力的"蹭"这个动作了。

聪慧的你一定明白,为了让扫除变成快乐减法,努力养成无脏污、无污渍的生活习惯才是最重要的,是吧?

请记住,哪里弄脏,就立即擦拭哪里。在需要"蹭"这个动作前,在污渍显形和顽固之前,"擦"就可以了。减法扫除是从"擦"这个动作开始的。

"减少"需要体力打扫的区域

近十年，我经常在全日本自治体经营的中老年人才中心开讲座。求职人员在自治体的中老年人才中心按地域登记，其中有 60 岁以上的健康老人。如果有客户委托，中心就会派遣这些年长者完成工作。

居民的订单大多与扫除相关。令人意外的是，客户在服务后经常会有"做得不干净"等不良反馈。

在中老年人才中心登记的人员大多数是非专业人士，他们接单子时也比专业人士的价格低，但客户的想法却是"我们付费了，所以你们要打扫干净"。诚然，支付费用是希望能够打扫干净，似乎也合情合理。基于以上缘故，中老年人才中心才会邀请我这位打扫专家演讲。我给大家介绍一些经验与方法，让大家至少也成为扫除的"半职业选手"。

"各位觉得哪里的扫除不好做？"

我这样提问时，听课的人一般认为在扫除服务中，最累的是"用吸尘器清理地板"。无论对哪个年龄段的人来说，清洁地板确实是很费力的劳动。年龄越大，辛苦指数越高。但我还有一点要指出，委托保洁的人群中，以五六十岁左右的群体居多，仔细想想便知道问题出在哪里。

问题在于使用吸尘器扫除感觉累的人，将其委托给"同样觉得很辛苦"的人。

现今日本，老年人服务老年人的怪诞现象随处可见。

如果用吸尘器，或是擦拭地板，一次最多打扫6块榻榻米大小的地方。

比这个更宽敞的房间，针对进出口、桌子下面、房间周围等易脏的单一地方，短时间突击清扫。

当然，工作时间控制在5分钟以内。

"绝不要一次一起做"是扫除的秘方。

已经成形的顽固污渍，立即 "驱逐出境"

现在，家中各个角落都亮晶晶，没有污渍，更没有黏糊糊的顽渍。

即使是这样的人，也无法保证一直干净到老。稍稍放松警惕，"脏大神"一不留神就会降临你的房间。

其实，即使以亮洁、光闪著称的我家，也有脏污、凌乱的瞬间。

每当那时，不知道为什么，我总是感觉心神不宁、若有所失的莫名烦躁。

哪怕早一秒，我也想尽快摆脱那种情绪，立即动手打扫干净。

大多数家庭会存在顽渍，这是不争的事实。尤其是忘了打扫，也不会影响平时日常生活的地方更要注意。因为污垢会在不知不觉中积存，当你意识到时，已结成顽固污渍。

如果立即处理脏污，就不用花费太多的时间和体力。

只要我们掌握了这项简单好上手的"瞬间技能"，即使年龄再怎么增长，房间也可以保持干净。

你家厨房的料理台或换气扇是否有黏糊糊的污渍呢？

现在为时不晚，不要置之不理，一路"追杀"下去吧。

先将换气扇能拆下的部分都拆下来，用木条将牢牢粘住的污渍刮除，小心不要伤到手。

我们把它放到温水中，泡软再去除会更轻松。用湿毛巾擦后，除不掉的污渍，用海绵放洗涤剂画圈蹭。

记住电源一定要断开。

然后，我们才开始"顽固污渍的减法扫除"工作。

一周一次，用温水浸泡毛巾，然后拧干擦拭。

在前面提到的那位"干净外婆"每次用完炉灶一定会擦拭一遍。就算看起来干净，也要养成用完擦拭的习惯。这才是赶走黏糊糊顽渍的原则。

不做"大扫除"

　　自从坚守打扫原则，我家已经数十年不做年末大扫除了。

　　本来就很繁忙的年关，我们就不用在大扫除上浪费宝贵的时间和体力了。节省下来的时间，我们可以购物、聚餐或来个悠闲的小旅行。我们平时没时间做或想做的事情等，都可以充分地实践了。

　　如果是必须做大扫除的地方，平时保持小清洁，那么大扫除就会在你的生活中做"减法"。

污渍大爱"天花板"

你可知道，烟和灰尘都是容易向上飘浮的污物？

其实，天花板是房间中最易黏附脏污的地方，包括料理油烟、烟垢、灰尘等都会累积于此。

灰尘在不知不觉中堆积进一步形成顽固污渍，被称为"顽渍"。

也就是说，天花板一脏，房间就显得脏兮兮的。

我们若想不扫除房间，那么保持天花板的清洁也很重要。

天花板污渍的"减法运算"

1. 要特别注意房间的通风

早晨必须开窗，不时打开换气扇。

特别是容易沾染湿气的浴室，还有做饭的厨房，一定要通风到位。

我在德国学习时，早晨上第一节课的教授进入教室，会突然打开窗户并且说："进些新鲜空气。"

丝毫不顾外面是冰冷的"零下"世界。

虽然开窗时间不长，但从窗户进来的凉凉空气，吹散晨倦，令人神清气爽。

房间频繁换气，就不会积存污渍，还能让身体内的细胞也活跃起来，充分发挥健康功效。

这就是德国人利用房内空气流通提高效率的原因。

2. 天花板的扫除秘诀

在长笤帚上绑上毛巾，清扫天花板及墙壁。

这样，看不见的灰尘都可以清除。

3. 照明灯的维护

灯具也是天花板的一部分，因为热量容易引起静电，所以灯具易附着灰尘。

平时，我们用毛巾掸下灯具的灰尘，再每月一次用湿毛巾擦拭。

我将报纸卷成棒状，再套上毛巾，就可以轻松擦拭照明灯具。

若灯具要安装在双手接触不到的高处，我们就要选择易清洁保养的款式。

例如，可轻松拆卸、可水洗的款式，最好避开有许多细小凹凸图样或款式复杂的灯具。

干净的洗手间彰显生活品质

我曾到一对老夫妇家拜访，他们夫妻俩都已经70多岁了。

古朴民宅里，我们一边享用炉灶上烤好的点心、喝着热茶，一边随意交谈，任时光流逝，度过了一段悠闲时光。起身回家之际，我借用了老夫妇家的洗手间。

打开洗手间的木门时，我看到了一个极度脏乱的空间，以致破坏了刚才的温馨氛围。虽然我这样说有些不礼貌，但它确实是脏兮兮的洗手间。

房间朝北，有些阴暗，套在坐便器上的罩子及地板的垫子都是潮乎乎的，在这种状况下我根本不敢上厕所。

我稍微开了小窗，重新挂好脏污潮湿的毛巾，将卫生纸的头儿折成三角形，把乱放的拖鞋摆好后离开了。

洗手间才是一个家庭美好生活的晴雨表。

在德国，洗手间等有水的地方都要清洁、干净，闪闪发光，这能反映出一个人的生活品质。

老人体力渐衰，打扫可能顾及不到洗手间，但这不能成为理由。

只要我们勤于擦拭、多通风，就能不费时间地保持干净。

下面我介绍一下只要稍微注意并加上一些小动作，就能保持厕所清洁的方法。

1. 每次使用时

我们用完洗手间，就要用长柄的刷子将坐便器刷干净。

弄脏了，立即处理。

盥洗台飞溅的水滴也要立即擦拭。

2. 每周一次

清洗坐便器的盖子和坐垫，细致擦拭拖鞋的内里。

墙壁及地板的污渍是恶臭的根源，每周一次用热水擦拭。

对气味敏感起来吧

我想起以前曾住过山脚下的一家小旅馆，服务员在收拾完晚饭的碗筷后，打开餐具柜的门通风换气。看到此情景，我不禁佩服他们身为服务专家所表现出的专业，细致入微的周到服务，让我十分感动。

特别是餐具柜，易被湿气笼罩，如果天天关闭，极易产生污渍、发霉等不卫生现象。

那个旅馆不提供拖鞋，但地板永远擦得亮亮的。

别样的小旅馆，热情的招待，周到用心，卫生清洁，我下次一定再来。

随着年龄渐增，我渐渐对气味敏感起来，也更注重外在仪表的整洁。

我想做个没有老朽味的优雅女人。

此外，大家一定要留意家里的味道。

很多时候，让人不悦的自家味道，自己可能感觉不出来。

家中异味主要是从料理和生活中挥发出来的味道。

不仅如此，如果我们放任不管家中异味，久而久之就会产生污渍。

德国友人爱里卡常说："有异味的房间是脏的。"

因为脏，所以才有异味，异味持续累积会污染房间，千万不要忽略这个事实。

相反，干净的房间与异味无缘，没有异味的房间与污渍也是无缘的。

我平时特别在意房间空气的流动。

早晨一定要打开窗户，换换空气。

新鲜的空气可以为居家者带来干劲与能量。

在洗手间、浴室及厨房等湿气较重的地方，使用前后换气扇都要转起来。

餐具柜也易沾染异味，因此要定期打开拉门，让空气流通。

潮乎乎的湿气也是形成异味的原因。

天气晴朗的日子，趁着扫除时顺便打开衣柜及壁橱的门，让其通风干燥，驱逐湿气。

这样，我们就可以轻松预防发霉现象。

苹果和花是天然香水

换气之后，我们在厨房四周放一些苹果等有香味的水果，兼做室内装饰。

当然，苹果可以每天早晨做果汁用。

玄关和客厅以摆放香水百合为主，天冷时增加水仙、风信子等一些水中栽培的花，静静品味季节的更替与沁人心脾的花香。

鱼腥草的花放洗手间

每年 6 月份左右，我家附近的路边盛开着一片片的鱼腥草。白色的花朵，很是可爱，记得母亲喜欢采来做插花，放在洗手间的角落里。

现在想起来，早期的洗手间没有冲水设备，那些花吸收了洗手间的异味，母亲真是聪明极了。

母亲很喜欢花，每次购物的篮子里总是放满新买的花，在洗手间放花除臭可说是她小小的生活智慧。

每当我看到鱼腥草的花时，总是将它放入装了水的空果酱瓶，再放到冰箱冷藏室的上层。这样，它就可以吸取冰箱内的异味。每次走进厨房打开冰箱门时，冰箱异味就烟消云散了。

冬天使用橘子皮

一到冬天，为了预防感冒，我会多吃一些富含维生素 C 的橘子。每次总会留下大量的皮儿。如果将这些清香的橘子皮随手扔了，我总觉得有些可惜，于心不忍。

如果是做果酱呢，我又有点担心农药残留的问题。

于是，我想到了一个方法。先用开水浸泡的毛巾擦拭烤箱和烤架，再放上数枚橘子皮，烤 5 分钟左右。

也许，这会耗用些许煤气费和电费，但当房间充满了橘子香味时，你会感到小小的真切的幸福。

快乐扫除的小技巧

人年纪越大，越喜欢整洁干净的生活环境，我们都说"干净的房间会带来好心情"。

想拥有充满朝气的生活，不积存污渍，认真扫除是必备的生活习惯。

"道理都懂，但总是没心情天天搞扫除。"我刚偷点儿懒，不服输的污渍又开始蔓延了。

为了避免这样的处境，我给大家介绍几个"快乐扫除的小技巧"。

运用一些小技巧让生活充满乐趣也是"冲魔法"的特色。请你一定试一试。

1. 擦玻璃：选阴天、用报纸

主人偷几天懒，脏污就会爬上来。这说的就是玻璃。

首先，用湿毛巾擦拭，然后两手抓住干燥的报纸，作圈状反复擦蹭。

水溶解污垢，再用报纸吸附污迹，印刷油墨还能在玻璃表面产生打蜡效果，擦完之后玻璃变得亮晶晶，令人惊喜。效果好到绝对会让你上瘾。

报纸也比较好处理，擦完玻璃后，直接扔掉，省去事后整理的麻烦。

另外，阴天擦玻璃是旧有的生活智慧。

阴天时玻璃的反射较少，污渍显而易见，并且阴天湿气大，污渍也易去除。

2. 牛奶能让洗手间光洁亮丽

牛奶放入冰箱忘了饮用而过期，扔之可惜。

我将它废物利用，经常用来擦洗涤盆或清洗洗手间。

牛奶可以去除污迹，被擦拭的物品如同打了蜡一样，闪闪发光。

3. 用羊毛袜清除灰尘

最近流行羊毛质地的衣服和袜子。

今冬又是个冷冬，所以我每天都穿羊毛短袜。

我用穿旧的厚羊毛短袜去除灰尘。这是很棒的清洁妙招。

将羊毛袜套在手上，就像连指手套一样，用它擦拭架子、地板、家具，任何想得到的地方都能擦。

它质地柔软，不用担心有划痕。

因羊毛材质含有静电，可以将所有灰尘乖乖地吸附。

羊毛袜使用后，抖掉灰尘，清洗的话可以多次使用。

4. 地板扫除，笤帚最棒

我经常到外地演讲，一位听众听了我的演讲之后，送了我一把特别好用的棕榈笤帚。

那是一把日本传统工艺笤帚。

儿时的记忆里，每家每户的和式客厅墙壁上都会挂着一把小笤帚。为了不伤到笤帚尖儿，人们总是将它挂起来收纳。

我家的笤帚兼作室内装饰，挂放在玄关的衣帽架上。

每次客人来我家时，总是夸赞"这个笤帚棒极了"。

然后，客人取下来试用，都说方便极了。

榻榻米及地板的灰尘用笤帚清除，既不浪费时间，又可以随时随地扫灰无踪。

无论是出门前、回家后或疲于写稿时，我用这把小笤帚清扫清扫房间，就能立即转换心情，仿佛心灵的疲惫也一扫而光了。

我家的地面铺有木地板，棕榈笤帚含有的棕榈油能保养地板，增添色泽。

顺便提一句，打扫榻榻米时，一定要用笤帚沿着缝隙扫除。

5. 善用水果皮清洁

做几个人的饭时，我平时总是喜欢用单柄铝锅。

铝锅用着用着就黑了，我们可以时常放些水和苹果皮来煮煮。

苹果中的果酸伴着淡淡的果香一起活跃，将锅处理得干净明亮。

用柠檬或橘子皮，同样也可以让锅具亮闪闪。

善用果皮，不仅对人有益，对环境也很好，增添扫除乐趣。

6. 用土豆皮清洗滗酒器

我的家人非常喜爱红酒，经常用土豆皮来清洁小口的滗酒器。

将土豆皮和水放进去，用手捂住瓶口，像摇鸡尾酒那样摇晃即可。这个动作不会伤到玻璃，土豆皮中含有的淀粉充分吸收污渍，能做到很好的清洁。用土豆做料理时都会剩下许多土豆皮，此时就是我家滗酒器的"清洁时间"。

7. 有意大利面的热汤，无需洗涤剂

休息日时，只有我一个人吃午餐，我总是吃意大利面。

饭毕，把意大利面的热汤取放到碗里，清洁油污的餐具或料理器具。

煮面水的效果如同使用了清洁剂一样，大部分油污被去除得干干净净。

含有淀粉的米汤也具有同样的效果。

8. 善用蚊香灰洗刷炉灶台

夏天，在我家的森林小屋中，一定会使用蚊香。

完全陷入蚊香灰魅力的我，不仅在森林小屋，连在东京的房子里也开始使用蚊香。

伴随着袅袅香气，我回忆起童年的夏天。

蚊香使用之后的灰烬，因有强碱性，粒子很细，搭配杀菌清洁剂一起使用，效果最好。

我把它放在干海绵上，擦拭炉灶台。

这样既省了电费，又驱逐了蚊蝇，剩余的灰烬也可以再利用。

每年夏天我都迫不及待享受愉悦的环保生活。

9. 烧焦与太阳的神奇力量

也许有些不谦虚吧，我对家务颇有研究，可以称得上家务达人，但也经常出错。

前几天，我一边煮东西，一边沉迷于书稿，一不小心就烧煳了锅。

锅子烧焦时就算我拼命用清洁剂及硬海绵擦也没用。

此时我再着急，也为时已晚。

将焦黑了的锅放到外面，晒晒太阳，让其干燥，不久晒干的烧焦部位就会自动脱落，完全无须多费力气。

锅烧焦时的紧急处理就是"晒干剥除"。

10. 用雪清洁地毯

东京是一个无法抵挡大雪侵袭的大城市。每次下雪，大多数地方的交通都会受到影响，道路上车辆拥堵，进退两难。

今年冬天门口大雪堆积时，从早晨开始，我就用大大的雪铲除雪。

那时，总让我想起在德国学到的妙招——雪日清洁地毯法。这也是德国代代相传的老奶奶生活智慧。

一下雪，我就将家里玄关的一大块地毯拉到雪地里。

将地毯反面向上，晾 30 分钟左右。

最后用干净的笤帚扫去地毯上的雪，让其充分干燥就可以去除灰尘，恢复原有的鲜艳色调，真让人不可思议。

11. 纱窗的清洁交给雨天

下雨的日子，你家附近是否有 70 岁左右的老人？如果有，一定可以看到他们把拆下的纱窗放在院子护墙上淋雨吧？

这就是古日本的"老奶奶生活智慧"——纱窗清洁法。

自古传下来的清洁方法，让人感到超乎想象的合理。

雨水将污渍冲下来，这种清洗纱窗的方法是不是很简单？

遗憾的是，我家的纱窗无法简单拆卸，也没有放置的地方，所以这种方法在我家不适用……

对于不好拆卸的纱窗，我建议双手各拿一条毛巾，将纱窗夹在中间擦拭。

如此一来，我们就不用担心纤细的纱网会破裂。

营造小巧而美丽的家

我家附近有小巧别致到让人羡慕的公寓，里面住有两位 80 多岁的老妇人。

其中一位老人住在 25 平方米左右的套房，里面包含厨房和浴室。她将套房隔成四户单室公寓，自己只住其中一间，其余出租。

另一位老人的公寓是 50 平方米左右的二层小房，她将二楼租给别人，自己只住一楼。

两位老人的房子都小巧舒适，家具很少，看起来十分整洁。

因为没有多余的家具和物品，所以打扫也很简单。

清洁阿姨每周来一次，我忍不住想象她们家"打扫应该很轻松"。

每次经过两位老人的家门口时，我总是梦想着，等自己老后也要住这种"小巧而干净的家"。

创造理想中的家

我在德国时找到了心目中理想的家的模样。

它纯白而小巧，是可爱、漂亮的小平房。它宛如《格林童话》中汉塞尔和格莱特的住处一般，让人连生错觉，又如老人世界中的玩具一样可爱。

上下学的路上，每次经过那里，我总会放慢脚步，不禁偷偷向房中望去。

透明的玻璃窗挂着弧形的纯白蕾丝窗帘，仿佛在吸引你向屋中眺望。

透过窗户，屋内依稀可见，干净的家具搭配得很好。夏天微凉的日子，小巧的暖炉中燃着干柴，啪啪作响，甚是暖人，桌子上方燃着蜡烛，烛光摇曳，形影妖娆。

房间中流淌着轻松、温暖的氛围，还有岁月的从容。

前庭摆放着白色长椅，屋主老夫妻经常坐在长椅上享受下午茶。

清洁阿姨的服饰像极了咖啡店的服务员。清洁阿姨会在固定时间拿着掸子打扫窗边。

小屋中的每一天都可以漂亮精彩，几分张扬，几分含蓄。就是这样一栋让人爱极了的小屋。

德国人的理想生活就是居住惬意。

亦即在任何人眼里，家都是丰富而舒适的地方。

我在心里默默祈祷，什么时候也能拥有一处那样的房子！

电视节目经常会介绍一些宽敞宏伟的院邸，但我脑中浮现的念头竟然是"很不好打扫吧？""应该会有许多隐藏的灰尘和污渍吧？"习惯使然，难免会这样为别人瞎操心。

房间宽敞，扫除也是"长线活动"，需要花费时间和体力。

为了又快又轻松的干净扫除，我们应配合自己的体力，在易整理的空间中，尽量精简家具、用具等物品。

那么，房间到底多大算是合适呢？

舒适居家的面积基准会因每个人的生活形态，以及对于居住空间的价值观而异。

不过，我们也要考虑随着年龄增加，老年人的生活行动范围会变窄的问题。年轻时身体健壮，而且活力充沛，住在大房子里不会感觉不方便；一旦进入老年，即使是看起来还很硬朗的人，住在同样大的空间中也会造成体力负担。

　　从老年生活的现实面来说，小些的房间会更显从容，扫除也更简单方便。

对方寸房间的憧憬

知名文学作品《方丈记》的作者鸭长明，50 岁隐遁在深山中的方丈草庵，呼吁世人追求心灵富裕而非财富充实。

我年轻时曾很喜欢大房子，自从在德国"邂逅"理想的白色小屋后，最近一直憧憬着"一丈四方的住房"。

我希望它能建在大自然中，坐在屋中就可以环视四周，自然美景一览无余；也可以肆意地日间小睡，醒来即可眺望远方；寻觅一块属于我的自由空间。

窗外的风景也是房间的延续，让人可以感受到房间的宽旷，可以感受四季更迭的美景，可以观望日升日落。这样的日子，总让人心生从容，安稳而丰满。

房间用笤帚扫几分钟就能搞定。

我们心血来潮，将整个房间地板擦拭一下，也简单轻松！

我憧憬的就是现代版方丈小屋，也正一步步实践住家瘦身化的梦想。

无论是住在宽敞屋邸还是憧憬大房间的人，请各位想象一下最适合自身居住的房间大小。

　　不放置多余家具的小房间比堆满家具的大房间，是不是更显宽敞，更易扫除？

　　人有了一定的人生经验后，不妨先预习适合两个人的居住面积，再慢慢减少至适合一个人的住家大小。

第 3 章【选择篇】

与周围物品和平相处

物品"围城"中的我们

我们生活在物品"围城"中。

汽车与各式工具的科技日新月异，就连手机与电视也发展迅速，新的款式层出不穷，任何商品一到消费者手上便开始折旧。

对我来说，每天被多如洪水般的信息洗礼，享受选择自己喜欢的物品的同时，也苦于选择的纠结、烦琐，无形中增添了几分压力。

物品无法妥善收纳，在地板上散乱着，又在一点点增加，房间总是无法整洁，是不是你的生活也被这些洪水猛兽般的物品困扰着？

虽然每个人状况不同，但平均而言，包括家具、电器、衣服、生活用品在内，我们每个人家中至少有两万件以上的物品。

其中即使消失一半，也不会困扰我们的生活。

生活所需的物品其实并不多。

与其整天为物品繁多而长吁短叹，不如学会减法运算，从现在开始精简物品。

　　减少了无用的物品，每天的生活会变得更轻松、更丰富。

一只皮箱的终极简约生活

我毕业于地方大学，为了第一份工作去了东京，那时，一个洁白而小巧的皮箱是我唯一的随身物品。

对开始独立生活的我而言，那只小小皮箱盛放了我当时的全部家当，是我生活的原点。

那时的我心中对未来充满希望，或许因为这个缘故，所以我根本不在乎自己拥有多少东西。

如今已经走到人生的后半场，那只洁白的皮箱成为我终极简约生活的写照，令人怀念。

那段张扬的青春岁月一去不复返，但我也会经常自言自语：要丰富内心，让生活试着接近"白皮箱"的简约、宁静，做好"减法运算"。

地板上不放物品

地板上不放物品的房间，会给人怎样简洁、利索的印象，大家都有所感吧?

不只如此，房间扫除也会更加轻松。

基督教公谊会（贵格会）的教徒习惯将所有的生活用品都吊挂在墙壁上，地上完全不放任何物品。即使笤帚、衣服、锅具、椅子也不例外。

在美剧中，经常看到寝室、孩子房门内侧的挂钩上挂着衣服的情景。

德国人也将地板上不放物品视为一种健康的生活方式。德国人房间的地板宽敞得几乎可以滑旱冰。

没有物品的地板，扫除也方便，整洁简约。

人住这样的屋子里也不会因物品绊倒而受伤，不需要意外的医药费，还能存得下钱。

地板上不放置物品，扫除轻松，效果倍增，房间也显得更干净。

不放杂物的地板看起来较宽敞，也能让人放松，这是"内心丰盈"的表现。

为了老年生活更加轻松舒适，这是要优先培养的习惯。

整理占据一半人生

当你打电话回家，向家人或亲友交代某事时，是否能顺利交代？

房间如果做好了整理，我们转达时应该出口即中，一语中的。

房间里面哪里有什么，有多少，充分了解这些，当你需要别人帮忙时就能事半功倍。

我时常会想象房间的抽屉及橱柜，一边回想里面都放了什么物品，一边做大脑训练。

德国人的生活中有"整理占据一半人生"这一观念，并且深入人心、根深蒂固。

换句话说，他们认为打扫整理对人的一生很重要，占了一半的地位。房间里井然有序，身边没有多余物品，生活就可以轻松舒适、清洁而充实。

所以，对人生来说，与其买顶级精品穿戴在身上，不如随时保持整洁的居住环境。这才是人生中最重要的课题。

　　对自己来说，充分了解必要的物品在房间的哪个位置，有多少，才可以遇事不着急，安心从容地生活。

物品减法不着急、不勉强、循序渐进

除了必要物品以外，我们要最大限度地精简物品，放松身心。

物品减少了，心中的犹豫和迷茫也会减少，可以随时从容安稳地生活。

实际上，周围物品太多，很多人经常要考虑"用哪个呢"，内心也会变得散漫，无法集中精神。

但是，将以往生活中的物品，一次全部处理掉，要是没有相当的决心，一般人是做不到的。

我认识一位 50 多岁的朋友，她就是某天一时兴起，打着"抛弃浪费，简约生活"的旗号，突然将自己身边的物品统统处理掉。刚开始还算顺利，没想到没多久就遇到瓶颈，反而形成心理压力，心情变得很低落。

此时，正处在更年期，再做一些不擅长、不习惯的事情，给自己的心灵增加负担，还可能引发忧郁症。

"每天一个"的减法原则

从我朋友的例子不难发现，对于习惯了物质充裕的她来说，在现实生活中突然做个物品大清算是一件相当困难的事。

在以往的生活中，她一直是想要的物品随时可以入手，除非出家，否则绝对不可能在现在，突然改变生活习惯。再说，这样的转变也不合理。

"如果有这个，或是那个就好了"，不要总是怀有这样的执念。

我们应该逐渐地，如果可能，设定一天、一周、一月以及一年的期限，慢慢地减少物品。

我的物质减法运算目标是"一天一个以上"。

经营公司时，我会在每个决算期内，确认事业内容、财务进出有无浪费等情况。

若遇到债务暴增或库存不够的情形，会影响公司运营，因此一定要充分掌握。心灵和居住环境亦是如此。

房间整理的"三大固定守则"

精减具体物品前，请你一定牢记以下三大固定守则，才能避免增加多余物品，随时保持房间干净整洁。

虽然这都是形而上的生活规则，却能如实反映在井然有序的屋内状态上。

1. 定位

为你的所有物品找到自己的"家"。

使用后立刻放到原来位置。

这是基本要求。

如果我们遵守这点，哪里有什么、有多少就一目了然，无谓的杂物自然不会增加。

减少寻找物品的时间，找物品时那种急匆匆的心情也会得到减负，不再"焦虑不安"。

2. 定款

我们选择物品要有大体上的原则。

以我个人为例，家中毛巾要选纯棉材质的白色毛巾。

内衣以自然材质为主，颜色只有黑或白色。正式套装的材质以毛织品或麻质材料为主。

配合居家氛围和个人喜好，家具常选择木质品。

装饰房间的花多为白色的香水百合。不过，偶尔也会混搭一些郁金香或应季花朵。

物品及室内装饰等，取决于自己的品位和观念。例如，服装选用接近黑色的灰色或茶色。装饰的香水百合花也可以换为郁金香，但主流都是不变的。我们可以偶尔这样换个心情，取悦一下自己。

我们要想对自己身边物品的品位和选择清晰明了，重点在于自己一定有"固定标准"。

减少为物品的款式或自己的心情所影响的冲动性购买，家中物品也不会增加，轻松自在地在不经意间做好减法运算才是"最佳方式"。

3. 定量

我们拥有物品的数量，要与个人居住空间和管理能力相适应。

杜绝因价格便宜而购买、堆积日用品。

如果库存量超过了使用量的好几倍，那么反而需要更多的收纳空间。而且有好一段时间必须使用相同物品，造成不便。

购买食物时，还要考虑食用量，经常更换不同品牌会更有利于身体健康。

可以看得见内容物的用品或食品，使用一半以上再补充一个就可以了。

如保鲜膜这种看不见剩余用量的物品，平时准备一个备用。严格遵守"一用一备"的原则。

开始 "脱离物品" 练习

我在 50 多岁时痛失父亲，不久又失去了母亲。他们在世时，我目睹了他们"脱离物品"的过程，这对我今后的生活是个重要参考。

父亲是个完全没有物质欲望的人，他生活中的物品很少；相较之下，我母亲是个执迷物品的人，她的生活充满各种物品。不过，二人在生命的最后时光里，几乎都没有留下多余物品。

在处理遗物时，我很轻松。对此，我在感谢父母的同时，也产生了由衷的敬意。

耳濡目染，我也决心开始"脱离物品"。

下面介绍一下我的"脱离物品"练习三原则。

1. 一天一件，减少物品

不穿的鞋子、穿旧的衣物、坏了的物品等，要有意识地处理。最近，我由一天一件加速到一天两件以上。

2. 思考如何安置重要物品

现在使用着，所以不能轻易放手，但对于不想抛弃的物品应先想好送给谁。

顺便说一句，我已经决定好一整柜的迈森食器以后要留给谁了。

3. 要评价物品是否是他人喜欢的物品

对他人来说，其实大部分物品都是垃圾。我们要养成评价物品的习惯，就是考虑这个物品他人会不会喜欢。

诚如之前所说，我在近十年几乎养成了"一日减一物"的习惯。

现在即使打碎了一个咖啡杯，我也不会叹息，反而开心"这样也是减少一个物品"。

人生苦短，我们思考生活中的每一天，不用陷入对物品消减的失落之中，留下美好的回忆才是更重要的，不是吗?

餐具和家具等现在无法丢掉或处理的物品，我会确认好赠送的人，决定好它们将来的去处。

给物品找好归宿，与它们相处的日子将会变得更宝贵、更充实。

送人物品莫草率

一般来说，处理物品有一些最常用的方法。那就是送给亲属、孩子及其他人。

但是得到的人真的是满心欢喜，物有所用吗？

据调查，当人收到他人的旧东西时，90%以上的人并不高兴，会把它当作"多余的垃圾"。

看到这一数据时，我一下子醒了过来，认真面对现实。

最近有很多人只用自己买的东西，凡是别人送的旧物品，如果不能被卖废品折算成钱，那么很多人都不想要。

我有一位朋友，拥有很多旧的包包，但不是名牌，想送给正在读大学的侄女。"如果是 LV 的包包我就要"，就这样被侄女拒绝了。

嗯，我终于懂了。如果是名牌，即使用得擦破边角，也有人想要。但若非品牌，即使质量再好，像包包这种惹人注目的物品，也是没人想要的。

了解这个事实之后，这样的物品送到旧货店或直接抛弃会更轻松一些。

我的母亲是在父亲过世后开始加速"脱离物品"的。她先将宝石、皮草等贵重物品送给平日要好的亲戚朋友，只留下自己需要的东西。

在赠送别人物品前，母亲都是向对方确认好是否真的想要，即使身为女儿的我，母亲也一再确认。

她是想让得到的人真心高兴，也许正是怀着这样温厚的心情，将重要物品一点点转让。

现在手中的物品，是转让给别人呢，还是抛弃呢？

这是我经常思考的问题。

这样的问题平时就要花时间斟酌，绝不是一朝一夕可以做到的。

人为何丢不掉自己不需要的东西？

有些物品，或许由于购买时很贵，或许扔了觉得对不住送物品的人，或许感觉他日会再用到，或许想送给孩子……

现在用不到的东西，有九成"再也不会用到"。

上述列举的理由只要满足一个，我都会毫不留情地处理。

如果我们后半生不想埋没在过多的物品中，这样的果断利落是很重要的。

现在，就要把"需要的物品"与"你期待有用的物品"的清楚区分。

为了抑制物品增加，我经常告诫自己，拥有物品不是目的，让物品发挥出它最初的价值才是最重要的。

只拥有就知足了，只是装饰了橱柜，对物品和自身都没有好处，也不可能变幸福。

姑且不论年少轻狂的少年时光，走过数十个年头之后，一定能根据过去经验清楚辨别自己是否真的需要某样物品。

　　即使偶尔也会有一些自己中意的物品无法释怀，但身边都是极具利用价值的物品，才是最简约、质朴的生活方式。

与总是丢不掉的物品来一次总清算

虽说如此，对于现在的我来说，也有几件无论如何也无法丢掉的物品。

那就是在外国生活时，别人送的或自己买的可爱泰迪熊。

它们在很长一段时间里，一直存放在橱柜深处。去年圣诞节时，我把全员集合在圣诞树上。

我曾一度想全扔了，或是送给朋友、亲戚的孩子或孙子，无奈的是，真的无法放手。

通常遇到这种情形，我和物品的相处方法，就是不刻意地断交，而是让时间去裁决。

现在，我将泰迪熊摆在寝室的小桌子上。

但并不是全部集中在那里，而是"今天你，明天它"，一周一只轮流从箱子中取出摆放。

摆放前，我会擦去灰尘，将小熊脸擦得干干净净。

也许是心灵感应吧，每次我摆上漂亮干净的泰迪熊，总感觉它们在对我朗朗地笑。

　　也许，我与它们诀别的日子终究会来，那么从现在开始，一点点尝试"倒计时"。

衣物买一离二

我从数年前就开始这么做了,践行衣物整理"买一离二"原则。

在这之前,我一直都是"买一离一"的原则,后来一点点增加处理数量。

我拥有的物品以衣服居多。所以,我要加快衣服的减法运算。

而且衣橱里除了毛衣以外,职业装、外套、裙装等,退休后完全派不上用场。

如果我七八十岁时还穿着职业装度日,略有呆板之嫌。

虽说是这样,但对于还工作的人来说,将职业装全部处理,还是有难度的。

老年生活转眼已到眼前,但心中还存有"老年生活为时尚早"这样一丝丝侥幸。

经过不断调整之后,我一次扔一件或两件,较容易让我轻松达成摆脱物品的目标。

也是让我踏出"服装减法"的第一步。

为难以舍弃的衣服举行"告别仪式"

心想"也许有一天会穿"而留着一件任何人看都不适合自己的华丽枫红色品牌套装，却一直没发现这样的做法根本不切实际……事实上，这是50岁以后的人最常犯的错误。

"因为买时很贵"而不能抛弃，现在我虽然不确信，但也明白几乎是穿不着了，但还难免产生"也许有一天"能穿到这种心理。

其实，坦白地讲，如果"现在"不穿，那就永远不会穿了，"也许有一天"几乎不可能到来。

那时，我们就要斩钉截铁地说服自己，果断地处理吧。

无论它当时多么贵，但现在利用价值为零，那也和垃圾是一样的，如果再将垃圾收纳起来占据空间，这是最浪费人生的行为。

经常有人问："我对积压在橱子中的老公和孩子的旧衣服，可以轻易处理，但对自己的衣服总是不忍心舍弃，怎么办？"

问这样问题的多为 50 岁以上的女性，其中 70 岁以上的人数最多。

为什么对于爱人及他人的物品可以简单处理却丢不掉自己的呢？

如果对方是机器人，那么一按"你自己决定吧"按钮，就解决了，但女性无法那样简单处理。

对女性来说，漂亮衣服也都藏有过去人生的各种想法与回忆。也许，这是无法释怀的主要原因吧。

于是，在此提议：既然是舍不得丢的衣服，不妨将自己当成洋娃娃，每天换穿不同造型。换装游戏可以帮助我们告别衣服。

某一天，我苦于对喜爱的衣服不能放手时，突然灵机一动，想起小时候玩过的纸娃娃换装游戏。

那时物质匮乏，玩的游戏也很简陋，并没有漂亮的东西。我们在纸上画上更华丽鲜艳的衣服和内衣，剪下来之后，给儿童杂志后附录的纸娃娃换装。

利用纸娃娃玩扮家家酒，不仅简单又能实现心目中的梦想，是当时每个女孩深深着迷的游戏。

那时，我们曾不满足于附录里的色彩，自己给衣服着色装扮，再给纸娃娃穿上。

长大后，我们拥有了很多真正漂亮的衣服。

儿时憧憬的服装现在盈箱溢箧，甚至成为垃圾……

既然如此，不如举办一场专属自己的时装秀！

将自己当作纸娃娃模特，穿上不再适合自己的、不合潮流的衣服，来场时装秀，这样就可以一点点告别了。

根据我的经验，通过一小时左右的时装秀，就可以将两三件衣服或毛衣自然而然"减法运算"掉。

收纳空间的"适当库存率"应在 70%

眼看时间已经来不及，你急着从衣橱拿出要穿的外出服，却发现抽屉里的衣物就像客满电车一样挤得水泄不通。

你想取出的物品不好找，心里是否也会有些小着急呢？好不容易酝酿的干劲也像泄了气的气球萎靡不振。我相信各位多少都有过这样的经验。

在必要时刻，必要物品能顺利取出，这样安然从容的生活，不是梦想，可以是现实。

"适当库存率"就是衡量必要时刻必要物品的一个经济用语。

考虑按"适当库存率"来收放物品吧。

橱子衣物收纳的"适当库存率"应在 70%。

我们将衣物归纳到一侧，可以空出 30% 空间的感觉即为 70% 收纳率。

衣架上悬挂收纳的衣服之间有 2 ~ 3cm 的缝隙是最理想的。

这样一来，什么衣服有多少就可以一目了然。你不仅能迅速找到自己想穿的衣服，还能适当通风，延长衣服的使用寿命。

不知如何下手时

精减物品时，我们势必要考虑：哪些物品可以使我们身心放松，让我们每天的生活更舒适快乐？

也许道理我们都懂，但总有许多人还是无法真正做到。

在冗杂的物品中，我们从哪里下手好呢？

是否越想头越大？我多次端详了橱柜或壁橱，最后只能大叹一口气，放弃整理。

你是否也有过这样沉重晦涩的日子？

我身边朋友，很多都有这样的烦恼。

我们总是认为"还有明天"可以拖延，但如果今天没有时间做，明天也抽不出时间吧？

也许，明天我们自己一再拖延减少物品的实行时间，就会想出各种理由安慰自己。

并且，虽然只是拖延，但精神压力是不是无形之中增加了呢？

物质减法、整理必须从现在、从今天立即开始。趁热打铁，决心时刻即是黄道吉日，不用再等。

我介绍一下谁都可以在短时间内完成减法运算的地方。

冰箱清理

冰箱是一个家庭的胃。看看冰箱，就可以了解一个家庭的饮食生活，它隐藏着一个家庭的生活方式。

尽管很不容易，但随时保持冰箱干净是很重要的。

因为一边做食品的整顿和管理，另一边冰箱的清洁工作也能做好，所以会鼓足干劲儿，我倍感欣慰。

今后冰箱的"适当库存率"要在 70% 以下

冰箱的"适当库存率"也遵守 70% 的原则吧！

冰箱内的食材及食品一般都放多少呢？我的习惯是生鲜食材食品保证 2 ～ 3 天可以用完的量，其他食材都是准备一周左右的量。

原来我一直主张冰箱的理想库存率在 70%，但是过了 50 岁以后，我就将冰箱库存率减到 70% 以下；现在过了 60 岁，库存率大概减少到 60% 以下。

我想换一个小型冰箱，但总有很多客人来我家。所以，这个大型冰箱一直使用着，就让它发挥余热吧。

遵守冰箱的适当库存率可以节约电费。

另外，冰箱中如果有三成以上的空余地方，那么里面的食物食材也可以尽收眼底，掌握所有食材食品的剩余用量，避免多买冤枉物品。

冰箱内的清洁也很容易，不用特意将食材食品全部拿出去，可以将食品全部整理到左边或右边，进行擦拭，然后再移到另一边。

这样的库存率，可以防止食材吃不完而腐烂，也可以防止过多食用。好处数不胜数。

超好用的聪明食材选购法

不要过于相信冰箱，我总是让入口的东西尽量新鲜。当我们意识到这一点时，购物方式自然而然也会有所变化。

我家的餐桌以蔬菜为主，但无论蔬菜多么便宜，我也不会过量购买，以免堆积如山。

蔬菜等新鲜食品，我只买一周的量。卷心菜和萝卜每次只买半颗或半根。黄瓜、西红柿只挑新鲜的，一次买一个。

腌制食品也不会选费事的米糠酱来腌制，而是用小容器酒糟腌制，一次也不需要太多的蔬菜。

周末的午饭，我会结合冰箱中剩余的食材，兼顾清理冰箱，来考虑菜谱。

是否有意识地打开冰箱门呢？

为了更好地平衡饮食生活，养成食材的库存管理习惯是有必要的。

因为喜欢，所以我们可能会有意无意地偏爱某种食材。这一点我们都心知肚明。

出门购物前，我一定会确认一下冰箱中的食品。

"牛奶？调味品？蔬菜？"用自己的眼睛亲自确认一下，冰箱中需要补充哪些食材，然后外出采购。

在家从冰箱中取出自己要吃的食物时，也会顺便确认冰箱里的状况。

当然，你也要确认一下冰箱是否脏了。如果有脏污附着，就用毛巾擦拭一下。

蔬菜的高明收纳

蔬菜形状各异，所以容易浪费冰箱的收纳空间。

首先，包装和托盘等在超市、地下百货商店或任何地方购买蔬菜时，就要做"减法运算"处理掉。

我将它从包装盘中取出，放进塑料袋中，携带也方便。

这样，还能避免包装盒占据收纳空间，也能避免发出味道。

像菠菜、小松菜等带叶蔬菜，要趁着新鲜用热水洗干净，用报纸包起来，放入冰箱，并尽量在两三天内吃完。

用热水洗菜，可以去除多余水分，还能增加新鲜度。

这是农民出身的父亲告诉我的小秘诀。

除了胡萝卜、西兰花这种可以生吃的蔬菜外，其他蔬菜都要事先焯出来准备好，再放到透明容器中保存。

冰箱里收拾利索，不仅能掌握食材剩余分量，用的时候也容易取出。

食材要全部用光

无论你购买时考虑多久，食材和饭菜总有多余的时候。

现在单身生活渐渐增多，就算结婚，只有夫妇二人的家庭也越来越多。

我不仅节约生活费，也珍惜物力维艰，蔬菜及副食都尽量不剩，多考虑怎样再利用。

我每天都想使自己的内心再丰富些，却提出"节约"这样的语言，好像有些消极和不合时宜。与其说是"节约"，不如称之为"爱惜物品"，这样是不是更符合我们的生活呢？

而且也比较容易激发灵感，真心享受重复利用的乐趣。

每个人都有自己的创意与生活智慧，碍于篇幅在这里可能无法一下子说完，我就介绍一些自己实践过的方法吧。

1. 某些蔬菜带皮吃

萝卜和胡萝卜的皮含有丰富的食物纤维。

每次便用它们打早餐喝的蔬果汁，制作醋拌凉菜、咖喱、煨炖菜等各种料理时，我都放了带皮蔬菜。当然，它们是用热水仔细洗过的。

除了皮，蔬菜的蒂也是可以吃的。

2. 西瓜皮营养丰富

小时候，我曾经帮父母干农活，把后院种植的黄瓜、西红柿、菜豆、菜瓜、西瓜等，用篮子搬到厨房。

对孩子来说，成熟的西瓜很重，搬运是个体力活儿。每次都要用两手抱紧西瓜，搬回厨房早已汗流浃背。

西瓜以前是夏季才有，只有当季才能吃到的水果，但现在常年销售。

在越来越方便的生活空间里，我们随时都以吃到西瓜。但如此却让炎热夏季中的慢活回忆益加泛黄，总有一些不舍和寂寥。

话说回来，西瓜皮含有丰富的矿物质和食物纤维。

正是因为西瓜皮含有丰富的水分，我们吃完西瓜肉后，不妨切掉外面的硬皮，留下软软的部分，切得细碎一些，放到汤中，或做成沙拉食用。

3. 用黄瓜的蒂护理手部

据说黄瓜汁有平滑肌肤、美白的功效，是晒后保养的佳品。

我很喜欢户外体育运动，用黄瓜做菜时，总是用黄瓜蒂轻轻擦拭手背。柠檬皮也有同样的功效。

我一边做饭，一边做手部保养，预防斑点同时美白手部肌肤。这既可以有效利用时间，也合理利用资源，是我生活中的一个小乐趣。

4. 夏季的橘子皮用处多

每当春季来临，一个朋友总会给我送来自家庭院里收获的没有农药的橘子。

我吃橘子时，一边体会种植人的辛勤，一边品尝甘甜，但吃完后总会剩下堆成小山的橘子皮，扔了实在可惜。

于是我灵机一动，想出了一个好点子——放上砂糖腌渍。先将橘子皮用热水洗好，放一大匙砂糖，再放上3杯水，放在锅中熬煮，等煮到水分收干为止。冷却后，撒上砂糖沫儿即可食用。

吃起来的味道如同京点心一般，特别"高大上"，可冷藏保存。我品味着亲自动手的幸福感，享受着午后松懒的下午茶时光！

5. 善用胡萝卜的叶

我在关西出生成长，京都的红色胡萝卜都会带茂盛的绿叶，所以从小我一直以为胡萝卜都是带叶子的。

东京的大部分超市或地下百货商店销售的胡萝卜几乎都是不带叶的进口胡萝卜。

我偶尔遇到京都的胡萝卜，一定会买来吃。它一煮即软，散发出自然的香甜。再撒上少许盐，就是特等美味。

胡萝卜的绿叶用热水充分清洗，再细切成丝，放上芝麻，做成美味凉菜。

6. 利用炖菜丰富料理

由于我家人很少，做炖菜时，一不小心就会做多。

通常剩下来的炖菜不方便冷冻保存，但一连数日吃一个菜品，恐怕谁都会生厌。

遇到土豆炖肉吃不完的时候，我会将汤汁滤掉，剩下的弄成菜泥做炸肉饼。如果我感觉它有些黏，就稍微加些面粉增添口感。

它带有原料理的味道，如果带面粉炸一下，吃起来更加美味。

为了做炸肉饼，我最近做土豆炖肉时，偶尔也故意多做一点。

7. 蜂斗菜的叶子意外美味

这个和剩余食材再利用可能稍有文不对题之嫌……

通常我会在森林里的房中度过夏天，这个时节院子里长满野生的蜂斗菜。

去年，我采下了本应丢掉的叶子，用热水洗干净，再切成丝，用海带汁和酱油文火慢炖入味。

我总感觉这道菜很好吃，而且也给食谱增添了一份惊喜。

如果你住在森林附近，请你一定试试。

爱惜自然，品味生活

　　过世的父亲是个"一粥一饭，当思来之不易；半丝半缕，恒念物力维艰"的人，生活得平静而从容。

　　身边物品也是物尽其用，使其在生活中发挥最大价值，若说他是这方面的"名人"一点都不为过。

　　他之所以这么做并不是为了追求现在流行的环保生活，而是基于过去日本人逢人必修的生活智慧。

　　每到夏天，父亲会在南面窗边搭一个丝瓜棚，长长的丝瓜、弯弯的绿叶爬满了棚架，挡住了日晒，凉爽了房间。这再舒适不过了。

　　大大的丝瓜，晒干后就能当刷子使用，可放在厨房清理锅具。也能放在浴室清洁身体，真是超方便的工具。

　　剪下丝瓜秧伸长的茎，在切口处放置一个 1 升左右的瓶子，使切口进入瓶子，就可以提取很多丝瓜水。

　　小时候我晒伤手脚时，就会立即涂抹这天然的化妆水。它散发出甘甜湿润的夏季香味瞬间扩散开来，一时间觉得自己忽然长大了，有种莫名的幸福感。

　　每当我眼前掠过小时候模仿大人的样子，心中总会有暖暖的感觉，那段回忆简单朴素，但又奢侈珍贵。

食材之外也要全部用完

前几天，我去了"昭和生活展"。我在展场看到一件用两种木棉布拼接而成，给小孩穿的手工和服。它显然是被长时间穿用，有了明显的破旧痕迹。我眼前却不由得浮出慈母的模样：一边祈祷自己幼小的孩子平安无事，一边日夜赶针走线。

那是一件用自己穿旧的木棉和服及夏季浴衣缝补做成的和服，也是一件蕴涵着古朴的日本人惜物之心的手工艺术品。

以前孩子穿旧的衣服，我会改作抹布，直到用得破旧不堪，现在它几乎直接丢掉。

我刚读小学时，父亲每天早早起来，给我削铅笔。这已成了他每天的"必修课"。

每次我打开半透明的硬塑铅笔盒，一定会看到5根左右的铅笔、红色的彩笔、橡皮。用短后的铅笔接上笔套，就方便使用了。父亲总是亲自帮我把磨圆的铅笔头削尖。

"今天也要好好学习啊！"父亲用默默的行动鼓励着我。

每天削铅笔，铅笔变短，没办法使用，此时我会套上笔套加长笔杆，方便使用。铅笔用到最后3厘米左右，即使套上笔套，还是无法使用。

这时，父亲会把两根短铅笔不削的那头黏在一起，做成两头都可以使用的笔。最有意思的是，父亲还曾把普通铅笔和红色的彩色铅笔组合在一起。

现在想起来，这种两者兼顾使用的便利，还是父亲的发明呢！

以前的人会在生活各处发挥小巧思，想办法将东西用完。

记得在洗衣机普及前，母亲那代人将粘在锅、碗上的饭粒拿来当洗涤剂使用。

她将剩下的饭放入锅中，添水加热，放进抹布，等水开时，抹布就会洗得洁白了。

用饭粒做成的洗衣浆既可杀菌，还可以使抹布焕然一新。抹布十分安全，即使擦嘴或接触肌肤也没问题。

近十年来，我的饭量越来越少。

本来很喜欢米饭的我，现在充其量也就是早晨煮半碗左右的米饭而已。

我把剩下的米饭，放上保鲜膜，一人份一包，冷冻起来。

偶尔想起母亲的巧思，我就会煮上抹布。

餐具以尽量兼用为基准

我从 30 多岁开始，就喜欢收集餐具，见了有"眼缘"的餐具总要买回家，算是个不经大脑思考的消费者。

所以，我的碗柜里既有西洋餐具，也有和式餐具。不中不洋，缺少整体感。

现在想来，那些餐具是否在狭窄的厨房里悲鸣呢?

后来我决定搬到英国，住在一个带家具的房子里。趁着那次机会把大多数餐具都送人，只留下了饭碗、茶碗、水壶等急需物品。

在英国生活时，我家的餐具和家庭用品都是原本就有的物品与数量。

由于家里只有西餐餐具，吃米饭或喝酱汤时，就用小型的沙拉碗代替。正是为了在即便很少使用时也不为难，我在各种物品的兼用上花了心思，品味统筹生活带来的快乐和充实。

后来我搬到德国，必须购买生活所需的餐具，于是我开始思考餐具的选购原则。如果购买日本料理可以兼用的餐具，我带到日本后也可以使用。

那样考虑后，我决定购买德国的传统瓷器品牌"迈森"的餐具。它很棒，让人惊喜连连，唯一的缺点就是价格太贵。

然后，我便攒钱，一个月买一个。

至今，已经快三十年了。

现在我家的餐具只有日本传统萩烧和德国迈森瓷器。平时使用和请客用的餐具也可以兼用，所以餐具数量减少到过去的三分之一。

今后，我会以现有食器为基础，慢慢减少至符合今后二人生活或独居生活的餐具数量。

单身生活的餐具

1. 中西兼用的餐具（直径 25cm 和 21cm 的盘子 2 个）

一个人的餐桌，两个盛放热食的盘子已经很热闹了。

如果在一个大盘子上放两种以上的菜肴，那么一个人的午餐堪称时尚大气。

2. 杂粮碗（直径 15cm 左右 3 个）

这种餐具多用在喝汤类食物及燕麦片时，我在英国和德国生活时，它是喝味噌汤时的宝贝。

如果要跟喝味噌汤使用不同的碗，亦可使用沙拉碗。

3. 咖啡杯 & 杯托（3 套）

我至少要为客人准备 3 套杯子和杯托。

一个人使用，准备个带柄的大杯子就行，偶尔使用奢侈些的咖啡杯，既可冲一杯咖啡，又可斟一盏清茶也是不错的。

4. 高脚杯（2 个）

两个高脚杯同时使用，一个用来喝水，一个用来喝红酒。

如果你是讲究红酒礼仪的人，不妨再准备两个红酒杯。

5. 汤匙（大小各 3 个）

大汤匙用来吃咖喱或炖菜等料理，小的用在喝咖啡、红茶等饮品或吃甜点时。

6. 个人专属筷（1 副）

我一直使用挚爱的专用筷子。

从我积累的经验来看，餐具还是尽量少些为好。思考各种餐具可以兼用的办法，本身就能为生活增添乐趣。

有些人有特殊的餐具偏好或很讲究餐具数量，以玩游戏的感觉创造出自己独有的餐具用法。即使没有很多餐具，我们的生活也可以丰富多彩。

我在英国和德国生活时，吃日本料理也使用西餐餐具。学会一个盘子多处兼用，是一种愉快的体验和经历。

做饭用具也一样，比如深些的长柄煎锅，有一个就可以搞定煎肉、菜肉蛋卷、烤薄饼、炒饭等，什么都可以兼用。

人在饿的时候，头脑清晰。人处于饱腹状态时，也许不会激发灵感而只是昏昏欲睡。

物品也是一样的道理，物品稀少时，它才会引导我们做出各种假设、各种尝试，发现许多有趣的生活妙招。

少而优的食用方法

我最近吃食物时，有意识地细嚼慢咽，每一口至少咀嚼20次。

一直以来，我吃商务餐比较多，说是用餐，其实交流是主体，根本无暇品尝食物，也因此养成"吃东西很快"的习惯。现在我也很难改掉这个坏习惯。

某一天，我意识到调节饮食生活的重要性，于是便在日常生活中融入以下观念：

1. 饮食以蔬菜为主，新鲜的海鲜及红肉搭配食用

2. 如果意识到吃喝过度，第二天就要调整

3. 减少入口的食物总量，关心食品的质量及产地

4. 不受制于过多的健康资讯，不因传言决定"食物好坏"，自己来决定、选择适合自己的食品

5. 不挑食，尽量摄取更多种类的食物

这是我在日常生活中实践的饮食习惯。

父亲出生于明治时期，他的口头禅是"一定要吃应季蔬菜"。

父亲 89 岁过世，他在世时，餐桌上一直都有蔬菜、肉、鱼，还有鸡蛋、牛奶、水果，哪怕份额很少，但绝对种类丰富、营养搭配。

父亲是个懂得生活的人，在平时生活中，我经常回味他的话，然后付诸行动：刚买的蔬菜用热水洗净，用报纸包好贮藏起来；海鲜在新鲜时处理，或清煮，或红烧……

纸类物品要随时处理

当今时代，信息秒速更新，相对于报纸、书籍，年轻人可能觉得网络传递信息更快捷、便利。

话虽如此，我还是钟情于印刷文字，平素用纸较多，但也提醒自己，尽量不要让纸张堆积成山。

我将未处理的文件及进行中的书稿分门别类地整理、归档。某项工作结束后，相关资料或文件看过一遍后再丢弃。

我把报纸、周刊杂志读后放入大的纸袋，等到每周的资源垃圾日时再丢弃。

我家只订4份报纸和2份周刊杂志，累积一周的量也很可观。

有想读的书时，我先在书店里站着读读，然后再决定是否购买。

我喜欢的外国推理小说主要购买尺寸较小的文库本，读完后就立即处理。所以，我身边永远只有一本正在读着的书。

每天累积看不完的报纸、杂志和书籍，会无形中给人一种压力——"我得赶快看完才行"。

所以想读的书，一本就好，随己左右。

这个阅读原则能让我在退休后，依旧过着愉快又充实的老年生活。

怀旧物品的处理顺序

　　我现在的照片全都放在一个 30 厘米见方的纸箱里。

　　我准备将相册规范一下，每十年只留一个小相册。绚烂多姿的记忆不再依托于照片，而是放在心里。

　　旧照片按回忆、年代分类，每类只留一张，其余多出来的照片就全部丢掉。

规定可抛弃的物品

在每天的生活中预先明确决定好丢弃的物品，整理时就不会迷茫。

向各位分享我的丢物原则：

1. 商场的宣传单页，每周处理一次

2. 旅行手册，半年处理一次

3. 商品目录看后立即丢弃

两年前的圣诞卡片和贺年卡、去年的日历、不再使用的电器和电脑等的使用说明书、到期的保证书，都要处理。

自然而然就定位的生活习惯

减少物品，房间可以一时减负，变得干净起来。如果你想随时都保持干净，重要的不是你头脑中的知识，而是行动规则。

介绍一下我的规则：

1. 拿出物品后，要放回原处

2. 打开门或抽屉后，一定要关上

3. 物品掉落，一定要拾起

4. 遇到缝扣子或简单的修理等，要一周内修理好

这四个规则一定要记住，反复练习，最终使身体及手自然而然地下意识行动。

"减法"购物六原则

也许你一直在做"物质减法",但减去的部分是不是又被非计划的物品填满了呢?是不是觉得得不偿失呢?

这里,我自己制定了"减法"购物六原则:

1.生鲜食材只购买当天食用量

2.耐保存的调味品及日用杂货决定好数量,使用一半后再补足

3.不因便宜而购买

4.购买前要通过自问自答这一关:我真的需要这样东西吗?

5.对免费的纪念品及赠品不要伸手

6.鞋及内衣类,决定丢弃哪件后,再购买新的

我遵守"定位、定款、定量"三原则,彻底实际实践后,就可杜绝家里堆满自己不喜欢的物品。

"亲手制作"的丰富生活

我很珍视生活中的四季更替，喜欢有季节感的生活。

无论怎么忙，我每年都有一定要做的"例行活动"，过去十年从未间断过。

那就是亲手制作"梅酒"和"酸甜薤白"。

1. 梅酒

一到 6 月我就会去买成熟的梅子，将梅子洗好，用牙签小心地去掉一个个的梅子蒂头，将它放到容器中，制作梅酒。除了之前在德国住的那段时间外，我自己酿梅酒也有 30 年以上的经验了。

最近，我取出腌渍半年左右的梅子，咕咕嘟嘟煮开，制作梅子酱。

我写下如上文字时，心头又涌起了梅子酱那种酸酸甜甜的味道，垂涎欲滴！

梅子酱夹在面包中品尝，或在疲惫时直接用勺子舀出，代替营养保健食品食用。它是我生活中很重要的常备食品。

我的梅酒调制方法是用 1 公斤梅子，加上 200 克砂糖。像上面梅子酱一样，先把梅子和糖交替放到密闭容器中，从上面注入 1 升左右的烧酒就可以了。梅酒是否好喝，取决于挑选的梅子是否新鲜。挑选没有伤碰的梅子吧。

2. 酸甜薤白

7 月前后，超市或地下百货商店里就有薤白的身姿了。取 1 公斤左右大粒的薤白，去除两端，清洗干净，并剥下薄皮。用盐水浸泡两三天后，取冰糖 200 克和黑醋 1 升左右调配，将薤白浸进去。

一个月左右，薤白松脆，咬起来有"咔嚓咔嚓"的声音，就是可以食用的时候了。

虽然每年制作的量没有大的变化，但由于我的食量在减少，所以拿去分送亲友的数量便越来越多。

想象一下亲友品尝时享受的样子，不觉间增加了今后继续制作的信心。

淡淡的生活乐趣

每天平淡如水的日子，需要我们加些"调味品"，给生活增加清新和独特感，给心灵注入些快乐的正能量。

每个人都是生活的导演，已到暮年的我更不例外，我想做个"名导演"，主宰并丰富自己的生活。

1. 享受烛光

从德国回到日本后，烛台就成了我家的"座上客"。

餐桌上、客厅墙边的小桌上……

晚上，我将屋顶的照明调暗，以烛光为主，房间洋溢着浪漫温馨的气氛，时尚而又大气。即使是平时普通的饭菜，也宛如法国西餐厅的正餐一般美味。

在柔和烛光的催化下，老夫老妻也能增加话题，创造愉快气氛。

点蜡烛不仅可以略微节电，停电时也不至于手足失措，岂不乐哉？

2. 男士衬衫的再利用

最近流行服饰混搭。

仔细观察，年轻人常精心搭配多层次服装造型，彰显自己的个性。

于是，前几天接受杂志采访时，我在旧的男士衬衫外面搭了一件短款的黑毛衣。

"咦！这样也行啊？时尚、大气！"摄影师半田先生给我了这样的表扬。

我本想博得年轻人的赞赏，没想到却被50多岁的半田先生这样称赞，心情还是有些小复杂！

百分百纯棉衬衫摸起来很舒服，穿上身也可以盖住略肥的屁股，搭上短毛衣，就变身为毛线套衫了。

我偶尔也会剪下旧衬衫的袖子，作为保持西服干净的套罩使用。

这么做不是为了节约，而是爱惜物资，令我深感满足。

3. 抽屉里放一块香皂

赠送的香皂，如果我一不留神来不及处理，就会增加起来。

此时，我一般会将香皂用洗手间的纸巾包起来，表面开数个小孔，放在抽屉及鞋柜里。

当再次打开抽屉及鞋柜门时，总会飘出香皂的怡人清香，清新淡雅，令人心情甚好。薰衣草、薄荷等草本香型的香味对衣服也会起到防虫的效果。

4. 厨房的西洋园艺

我喜欢将萝卜、胡萝卜、山药等带根的蔬菜根部浸在水中，做成水栽盆景，放在厨房窗边。

这样既给窗边添了盈盈绿意，也解决了做菜时的不时之需。

当你疲惫时，不经意地一瞥。充满活力的迷你小盆栽，真的会抚平你心中的累意倦感。

5. 插花

我不喜欢假花，房间里一定要有鲜花。

我喜欢鲜花的味道，所以盆栽也好，插花也好，生活中一定会点缀些鲜花。百合、水仙等鲜花既好看又可以兼做室内香水。

如果花朵部分下垂，我会立即将茎部剪短，移到沙拉碗那样浅些的容器中，浸水助其维持花期，让它开到荼蘼，极尽繁华，明媚桌旁的欢颜。

切短的茎部，更利于水分吸收，花朵也可以恢复生命力。

此外，为了避免破坏餐桌的氛围，我总是选用颜色清雅、香气较淡的鲜花来装饰餐桌。

6. 竹制小巧笸箩

家中准备两个笸箩，既可以盛放吐司片，又可以晒蔬菜或梅干，有客人时，还可以盛放湿巾。

小笸箩也可以当作盘子，盛放炸好的天妇罗，或者用于豆腐沥水。

在立科町的一个小旅馆里，有一道让人叫绝的菜品，就是用刚摘下的生菜、西红柿、黄瓜等做成"高原沙拉"。用笸箩端到客人面前，客人首先品尝的不是料理本身，而是手艺人的独具匠心。

当然，这样的特别方式，也让客人感觉到比平时的蔬菜上百倍的新鲜和美味。

从那以后，每到夏天，我家在制作新鲜沙拉时，总会用竹笸箩端出，"咔嚓咔嚓"地享受清脆的蔬菜口感。

7. 归纳的方便时尚

我家的玄关处，放置了一个绘画用的陶器碟子，用来盛放房间钥匙、车钥匙等琐碎物品。

钥匙放在每次回家与外出的必经之处，就不会忘了收好钥匙或带钥匙出门！

使用的碟子产自国外，绘有精致美观的图案。因为它是陶制的，所以可用水清洗，随时保持干净、漂亮。

生活中，如果我们养成了总结归纳的好习惯，房间就会从物品包围中解放出来，干净利落，看起来整洁宽敞。

8. 玻璃小瓶的再利用

我很喜欢东京新宿柏悦宾馆推出的半融瓶装巧克力。因为容量很小，很快就能吃完，所以瓶子立即就空了。

而且巧克力空瓶小巧、可爱又时尚，如果扔了有点可惜。

于是，我想到一个点子，用它来调配每天早晨的沙拉调料。

在瓶中倒入相同比例的橄榄油和黑醋，再加上少许粗盐和胡椒，再关上盖子，"咔咔"摇匀。

数秒后，自制的味美色香的法式沙拉调味汁就搞定了。

自制的果酱、薤白在送人品尝时，使用这样的玻璃小瓶装也很便利。

9. 硬塑盒的再利用

我一个人吃饭或与朋友吃简单午餐时，一定会选意大利料理。

所以，我家总是准备着意大利干面。

将意大利干面保存在透明的硬塑空盒中，既防湿气，透明又可见内部分量。

一盒正好盛放一个人的量，可以按人数取出刚刚好的分量，非常方便。

10. 家用包

将平时生活中常用的电脑电源线、笔、记事本、手机等物品，放在小巧的布艺环保包中，在家中走动时也可以提着使用。

必要时可挂在椅子上，一眼就能看到包包。

如此一来，无论何时、何地，必要物品立即就可以使用。

工作时，包包也像老朋友一样陪我左右；需要时，仿佛在对我说"在这里、在这里"。

我再也不用翻天覆地找物品，生活变得简单轻松、舒适快乐。

11. 品尝茶的美味

偏爱咖啡的我现在更爱喝红茶。

一边陶醉于自己的各种异想天开，一边享受家中的品茶时光。

例如，在茶中放入薄荷糖就是一杯清爽的薄荷茶。

在热腾腾的红茶中加上糖稀，可调出维也纳茶的风味。

寒冷的日子，茶里加些蜂蜜和生姜，能让身体暖融融，又精神奕奕。

在温热的甜橙汁中滴数滴红茶，就是一杯甜橙茶。

如果放入切好的苹果，那就是苹果茶了。

其实还有很多很多巧思，就举到这里吧！你也可以加入自己的创意，丰富家里的茶生活。

单单是想想有关品茶的事情，就足以让我欢愉。无论何时何地，希望如此的品茶时光能一直持续下去。

生活的再启动

我有两位 70 岁左右的女性朋友。

一位称其为 A 吧，独身，二十年前，一起生活的父母过世；另一位称其为 B，原本与丈夫过着二人世界，后来先生比她早走一步。两个人就这样独自生活。

那时，二人都是 50 多岁，一个人居住在偌大的满溢物品的旧居里。

我是两个人的老朋友，与二人交流的机会较多，对于家中剩下的过多物品，对方也会经常问我："怎么办好呢？"

我给她们相同的建议："只留下自己生活的必需品即可，其他的都处理了吧！"

但是，毕竟"说起来容易，做起来难"。

从过去经验来看，我深深明白 50 岁的这两位朋友做到这一点，确实有些难度。

想要减少物品，精致生活，不能由别人来说，凭借他人劝告下的被动劳作绝对不可能做到，必须是本人决心执行，依靠自己的决心和行动才能实现。

现在，身心尚健朗。

今后也许会有新的相遇、新的故事，总觉得还可以再迎接新的挑战。

在这个阶段想象自己的老后生活，或自己变老后身心憔悴的模样，真的是一件很困难的事情。

但是，时光一去不复返，绝不会倒流。无论是谁都逃不出规律，每个人都会变老，因此绝对不能坐以待毙。

丈夫过世的 B，首先找到了面积合适的公寓，卖掉了宽敞的旧居。

新公寓有 60 平方米左右，因此只留下适当物品，其余的与房子一起通通放手。

"孩子们总会独立的，这样的大房子是没必要的。"B 这样说。

"最初，我总考虑旧居中有许多回忆，心绪难平，但最后总归要去住收费的老人院。为此，我也要减少物品，为未来做准备，就将这次当作一个契机吧。"

现在，我们还要再次整装出发。

有关丈夫的记忆，"都放在心里吧！"只留存了当年新婚和晚年的数张照片，其他都处理得干干净净。

由于留下来的东西很少，60平方米的独居房间，空若无物般宽敞，甚至可以跳广场舞。

而朋友A，对于双亲的记忆及一起居住的房子始终无法释怀，现在每天还过着物品成堆的生活。对一个独居的人而言，无用的物品太多。我每次见她时，感觉她总在叹气。

现在，进入古稀之年的她，每天感觉像屁股着火一样，总有必须要做的事，总有忙不完的活，身心受扰！

朋友B是一个紧紧抓住独居生活的机会，积极向前的人，她果断选择了新的生活方式，开始了新生活。

而A的身边充满了过多回忆和物品，这些最终成了自己的负担。她心情受损，身体也不能如愿而动，每天都生活在"怎么办好呢"的苦恼纠结中。

我从学生时代到工作，后来还到国外生活，至今已有17次以上的搬家经验。我把每次搬家都当作重启生活的机会，努力减少物品，调整居住模式和生活方式。

我们年轻时，即使环境、生活发生变化，我们也有足够的体力、心态来对应处理。

各位一定要趁着自己还不算太老，考虑一下精力日益减退的十年后、二十年后，自己想过什么样的生活，开启不一样的生活吧。

此时，我们是否也要"虎视眈眈"地努力抓住这样的机会呢？

伤痛、疾病、家庭成员的变化及失业、退休等经济变化，如是种种，我们都要将此当作机会，积极向前，重启生活，重新来过。

前几天，我在朋友 B 那里喝茶，她的房间小巧别致，清洁典雅，方寸之间遵守着"定位""定款""定量"的原则，给人舒适宜人的感觉。

她笑呵呵地对我说："将来孙子来时，没有杂乱的物品，可以放心折腾了……"

不为物扰，不苦于家务，专注于兴趣，忙于志愿活动，B 看起来更加阳光，更加年轻，脸上散发着耀眼的光彩。

身边都是必要物品，过着明快简单的生活，看到眼前这位70多岁的女性活得如此自在，我忍不住对二十年前英明果断的B举杯祝福。

随着年纪增长，我们就要想象自己的老年生活，将现在的生活重新启动，迈向理想的未来。

老年生活不是灰暗寂寥的，要为自己十年后、二十年后的光明未来积极规划并付诸行动。为了做好这一点，现在就要养成重整生活形态的好习惯。

第4章【丰富篇】

让生活更快乐的心灵加法

心灵排毒

　　长年使用机械类物件会产生金属疲劳，我们的心灵也一样，有时容易感到疲劳，产生各种新旧伤痕。

　　房间脏乱前，扫除很重要，心灵也要在磨损前做好呵护。

　　在错过时机之前，无论是居家环境或心灵空间平日里就要多加注意。

　　出去散步时，确认好四周无人，大声喊出眼前的景观或物品。

　　"好大的树啊""绿色好漂亮""今天天好晴啊"……看到什么，想到什么，就可以喊出什么。

　　这样一来，就可激活左右脑，喊出的语言也在自己的身体中扎根发芽，洗涤心灵，清洁明快！

　　在心里不畅快的时候，我们可以这样排毒。这是我从专家那里听到的方法，推荐给大家。

　　但是，一定要时时注意一下周围是否有人，如果被误认为"有问题的大妈"而引来警察，或被大家敬而远之就麻烦了！

　　专家的方法是我亲身践行的，悄悄地说："绝对有效果！"

呼唤幸福

幸福不是等来的。

一定是由自己的心灵呼唤而至。

幸福就藏在自己的心里。

幸福无法永远维持，却可以让我们经常感受到。

小小的惊喜，深深的感悟，幸福的心情就这样悄悄地来。

相反，只在意过去和未来，却忘记现实，这样的人也无法收获幸福。

立足脚下，脚踏实地，着眼于微乎其微、平常的小事，诚实地面对自己，坦然生活。

你一定能从中发现许多幸福。

每天早晨洗漱后，对着镜中的自己微笑！

用双手舒展着看得出皱纹而又斑斑瑕瑕的脸，默默地对自己说"今天也会有好事发生"，让心灵给大脑暗示。

每次走在狭窄的街道上，遇到迎面而来的陌生人主动说声

"你好"。

路上遇见老人，或是带小孩子的年轻妈妈，我总想上前帮他们一把。

无论什么样的事情，我都有一颗感恩的心。

这样的时刻，幸福就翩然降落于自己的心灵，心中涌现一股暖流。

不做"Yes 君"

日本有部电影名字叫《没问题先生》（*Yes Man*）。

我记不太清详细的内容了，但清晰地记得影片中的男主人公是个经常说"No"的人，他因某种机缘转变了生活态度，学会了说"Yes"，人生随之发生改变，不断遇到好事。

诚然，年轻的时候，"Yes"这样开朗明快的回答，让人积极向前，有利于拓展人脉，加深感情。但是，日渐成熟之后，我们也要学会拒绝，学会说"No"。从某种程度来说，当你积累一定经验，悟透了人生的甘苦，这时候如果还是一个凡事都说"Yes"的"滥好人"，不是很辛苦吗？

我自己经营公司后，比原来更加果断自然地说起了"No"。有些事情，本心想说"No"，却违心地说了"Yes"，这种含混不清的态度，只会让对方觉得你没自信。更何况做生意最重视的就是数字，唯唯诺诺的个性无法在商场上立足。

生活中，不保险的"Yes"出口，过后自己又觉得"好为难啊"，无论什么时候，这样的心情都会加重心灵负担。

如果我们万事都表示同意，那么最后为难的一定是自己的心灵。

不给对方不快而又英明的拒绝方法就是不立即回复。

若有这种情况，我首先会说"让我考虑一下"，然后约定"今天5点前一定答复"。

设定期限的意义，是不想让"No"这个已经清晰明了的答案在自己的心中留存过久。一到设定时间，我们就要从心里卸载。

我总觉得，与立即回答"No"相比，稍微迂回一下，会给对方留下较好的印象。

并且，我们一定要在约定的5点前明确回复"No"，也不要刻意找理由。

经过深思熟虑而说出的"No"，对方也会感受到我们的诚意。这份真诚，对方一定会理解。拒绝之后内心就会轻松许多。

如果我们学会很好地拒绝，相信也不会拥有太多的烦恼。

充分思考，消除内心的不安

高中时，语文老师曾说过："大悲应大哭。"

那时的我不谙世事，不能充分理解这句话的意思。只是清晰地记得这句话与老师讲课的内容风马牛不相及。然而，如今的我想起当年 50 多岁的老师的话，不免心有所悟。

人生无论走在哪个路口，心灵都会遭遇不安、悲伤，那时一定会咀嚼的就是这句话。也许，人只有痛哭过后，才会找到新的方向。

心里堆着担心、悲伤，会耗损我们的力量，瞬间流失青春活力。不安也好，担心也罢，要好好面对，绝对不要逃避。

逃避可能会换来一时的轻松，但这些负面情绪会多次反复袭击你的头脑、你的心灵，会带给你痛苦。

"怎么办啊？"当这种心情来袭时，我只会考虑"怎样做才可以解决"。

担心"公司倒了怎么办？"我就问自己："我该怎么做"。

心中若存不安，只要专心去想"我该怎么做？"并将未来状况彻底地考虑好，一定会发现光明。

不能说这就是"火灾现场的蛮力气"，相反，人身处绝境面临抉择时，会涌现出意外的勇气和自信。

最近，无论碰到什么样的困难和不安，我都会全盘接受，因为我已修炼了一颗金刚不坏之心。

"为自己着想"又何妨？

现在的你是过去人生中由你一点一滴建构出来的"历史产物"。

我们重新审视自己的能力及缺点，思考怎样经营今后的人生。

今后的后半生，是否要为自己做点什么呢？怎样度过呢？

是选择"采菊东篱下，悠然见南山"的清闲人生？是选择作为志愿者，在社区活动中发现自己人生的价值和意义？还是选择在旅行中欣赏日出日落？或还是像以往一样地度过？

数年来，一位单身的朋友，每年三分之一的时间都在船上旅行。

朋友62岁，工作成功谢幕，爱上了步调缓慢的邮轮旅游。上次周游北极，这次又圈定了南极，享受着穷游世界的豪迈和怡然。

看着朋友寄来的漂亮明信片，回顾自己匆匆奔跑的以往人生，不禁沉思："接下来我要做什么？"

一直以来，我总是在各种阻力中挣扎逾越，总是接受并经营着生活中的各种不情愿……

为了家人，尽管步履蹒跚，我还是坚持到现在。

但是今后，我想做些自己想做的事情，做些自己擅长而喜欢的事情，用心经营，一念执着。

于是我写出自己想做的、自认为会做得很棒的事情。就这样一个接着一个写下来。接着确定优先顺序，写下开始实践的日期。

于是，我发现今后的日子不再是"仅存的有限时光"，而是具有无限可能性，可以创造更多梦想的明亮未来。

计划能否实施，取决于时间限制，也取决于自身。但一步步找到自己想实现的梦想，你的内心会感到越来越兴奋，对未来充满期待。

想做的事情现在就动手

有些人不管到了几岁总是把"必须要做的事情"和"现在想做的事情"一再拖延。"等退休以后","等辞职以后","等赚到钱","等到了春暖花开的四月"……每次听到这样的借口，我总是会想"为什么现在不做呢？"

如果我们将房间的扫除拖到以后，以后可能会更困难。如果现在不立即做，想着"总有一天"会做的事，一定会随着时间过去逐渐淡忘，最后就不会做了。

择时不如撞日，此时不做更待何时？

能够丰富年老后生活的人，在那之前大多有一个助跑期。

退休以后，时间宽裕起来，虽然我们还想大干一番，但是再挑战新事物，身心状态已经没有足够力气应付重新学习的需求。

现在必须要做的事情，而总想"什么时候有空再做""从明天开始"，到最后也是无疾而终，一无所成。

抱着"今日事明日做"想法的人，只会把事情拖到以后。

最后终将在后悔"自己有力气做却没做到"的感叹中，终了一生。

我在过了 45 岁事业渐入正轨之后，开始不断挑战自己想做的事情和曾经想做的事情。

例如吹长笛，写作，学德语、芭蕾、水彩画、针织、手工编织、料理、烘焙、游泳，打高尔夫球、网球，学瑜伽、歌剧鉴赏，旅行，广读国外推理小说等各种新鲜事物。

我最近爱上了俳句，想到的、看到的，总喜欢用"俳句"来表达。

做做停停，不能坚持，先生经常取笑我"一事无成"。

即使一事无成，不成大器，但现阶段多打造几个老年时期可以用的"兴趣宝盒"，满心欢喜地一一尝试，也能让明天的心灵更加安心和幸福。

善用过去的人生经验

人生到了成熟阶段是我们发挥过去的人生经验，朝理想的生活开始助跑的时期。

虽说我们是有时间，但并不是什么都可以做。例如，50 岁考入东京大学。如果是为某公司发挥余热，这是很棒的选择。如果只是以"考取"或者"学习"为目标，那就有待商榷。尽管媒体一定会很感兴趣而大肆报道。但后半生剩余的时间究竟有什么意义呢？请仔细斟酌吧。

谁都会为心中那份不可被超越的执着而感动。

自己出资尚情有可原，但若使用人民缴纳的高额税金，为了自我满足的学术研究，则会给周围及年轻人带来麻烦和困扰。

如果一定要做真正的学术研究，那么就自费选择私立学校。

我有一位朋友 A 女士原来做记者，她 58 岁后，决心到一家公立大学专门为社会人士开设的公开讲座，学习动物学。但面向社会的讲座按课程支付学费，这些学费是大学的重要财政来源。"讲座费太高了！""作业太难了！"A虽然有时会这样抱怨，但还是乐此不疲，与年轻学子开心交流，从中学到许多知识。

前几日，朋友A受报社约稿，写下自己的学习体验记。

看着那样积极向前的A，我羡慕她的生活方式，不禁给她发了一封"贺电邮件"。

与水果一样，学术研究也有它自己的季节，有它最辉煌、最味美的时令。

对水果和学术研究而言，"新鲜"是它们的生命。

上下求索、孜孜以求的生活方式还是交给年轻人吧，到了一定年纪以后，我们不妨认真思考如何利用自己积累的经验回馈社会或人民，发挥自己的余热。

对晚辈来说，这样的生存方式也是一个榜样，身教胜于言教。

当然，人既然活着，在有生之年，多掌握新知识和迎接挑战是很重要的。

有人75获得芥川奖（纪念日本大正时代小说家芥川龙之介所设的文学奖），有人80岁尝试挑战海拔8848米的珠穆朗玛峰。

这些都是当事者根据过去经验努力不懈，不断创下新纪录的结果。他们的成就给予人们极大的勇气与感动。

　　每当见到活力充沛的长者，不知为什么，总会心潮澎湃，感到自己"还可以"，不由得涌现很大的勇气。

　　利用自己的优势，做出什么挑战，完全取决于你的心。

不轻率挑战

　　某日，我在报纸的人生访谈栏，看到一位50岁男性的烦恼："我一直想当个漫画家，辞去现在的工作，追求自己的梦想。然而它却遭到家人的强烈反对，怎么办好呢？"

　　很遗憾，我没能看到大家的回复，但是如果让我回复，我一定会说"没有什么值得烦恼的"。

　　如果你二三十岁，尚情有可原，但是一把年纪，有必要毅然辞去工作，做个漫画家吗？

　　如果真的无法放弃年轻时的梦想，不妨从兴趣出发，尝试当个业余漫画家。如果是这样，我想谁也不会反对吧。

　　但一把年纪才开始没有经济基础的冒险，是轻率鲁莽的行为。

　　也许大家听了获得芥川奖的75岁女性的报道都受到鼓舞，感觉"自己也做得到"，燃起无限希望。

　　但是她从年轻时就有一份正式工作，而且从未停止写小说。诚然，她"75岁获此殊荣"，广大媒体给予大家极大的冲击和振奋。但她在获得芥川奖之前，也曾获得各种各样的文学奖，并不是凭一时之力获得芥川奖，罗马并不是一日建成的。

50 岁才开始挑战新的梦想的人，千万不要再抱持过多的期待。如果你真有才能，早就在该领域崭露头角了。

自古以来，就有什么年龄做什么事，50 岁也必须具有这个年纪应有的涵养和分辨能力，承受生命中应有的担当。

在人的后半生要进行的学习或学术研究，应以不要给他人增添麻烦，不过于艰深也不过于放轻松的中庸性的挑战为宜。

也就是说，如果你尚且童心未泯，慢慢地延续编织年轻时的梦想无可厚非，但是请你放下"无论如何、必须一定"这样的执着和痴念。

珍惜这一瞬间

光阴似箭，我最近总感觉岁月飞驰而过，慌慌张张、跌跌撞撞，却在生命里毫不留情地刻下痕迹。

虽说社会上平均寿命越来越长，但以 50 岁后的人来说，我们余下的也只有三十年左右的光阴。

与之前的三十年相比，也许它更显仓促，转眼间我们即将迎接人生终结的一刻。

所以，珍惜现在的每一瞬间，开心生活，尤为重要。

例如，清晨，可以早起，眺望不一样的蓝天；白天，散步途中，看看星星点点的花花草草；偶尔起身站立，遥望街道景色；静谧的夜晚，数数星星……

将每天的生活温柔相待，细水长流中期待心灵的丰腴。

如今的世界，仿佛转得更快、更炫。

所以，我们要更长远、更真诚地对待现在的生活。

也许只有这样，才能品味出年轻时未曾悟懂的人生悲喜与价值。

试着思索宇宙

我的兴趣之一是观测天体。

话虽如此，但我并不是那种真正的、正规的科学观测家。我每年夏天住在森林小屋时，晚上到户外眺望星空，如此而已。

过去，被家里人问起"过生日时，想要什么礼物呢"，我立即回答："天文望远镜！"小学时代，在我多年软磨硬泡下，父母给我买了天文望远镜玩具。自那以后，一个真正的"天文望远镜"就成了我的梦想。

随着年龄的增长，我不再艳羡那些昂贵的珠宝、名牌包包和漂亮衣服，抽空逛街看看就好。与其珠光宝气，不如内心欢愉、修身养气。最近，我在转型中。

名牌物品总有褪色损破、终其所用的一天；而兴趣带来的快乐是无形的，给生命源源不断地注入正能量。

天文望远镜最初入手时，正是多年难遇的大流星群年份。我在森林里观望，发现了流星群，一看就是几个小时，像个孩子一样手舞足蹈、兴奋不已。

先生苦笑着说："还好天文望远镜比珠宝便宜多了。"但在我心里，它的光芒远胜珠宝钻石，是我的爱物。

我走过了一半人生，但在无穷无尽的宇宙中，应该还有许多人类现有的知识所不能解答的迷惑。

前不久，一块燃烧的陨石坠落在寒冷的俄罗斯街头，造成了多人受伤。对天文现象而言，现在人类的科学研究还是比较弱的，不能准确地预测出具体坠落时间、地点。

不可思议的宇宙却光辉万丈，在距离我们数万光年的遥远地方闪现。通过天文望远镜观测天空，观看宝石般璀璨的星星，在那浩瀚的星空中，自己的烦恼、遗憾、愤怒、悲伤仿佛都渺小如罂粟种子一般，微不足道。

与无限广袤的宇宙相比，人生的成败、感情只是沧海一粟、千年一瞥、微乎其微的故事而已。百年以后，周围的一切生命都会回归尘土。我们也无法预测那个时候的地球命运又将如何？

我们偶尔也思考一下宇宙奥妙吧。

与广袤无垠的宇宙相比，我们极为短暂渺小的一生才会让人更加珍惜。

随时记下你的想法

英国人、德国人都是极爱散步的民族。

一位德国的朋友曾经这么对我说：

"我们德国人是'思考后散步'，英国人是'边思考边散步'，法国人是'先散步才思考'。"

至于我，我很爱散步，而且属于典型的"边思考边写便签边散步"的日本人。思考的事情记录下来才放心。我喜欢用的是在百元店购买的 15cm×7cm 规格的小笔记本。

我散步时，一定会带着笔记本，夹支小铅笔。无论何时何地，有所感触时都留下一文半字。这是我在 50 岁之后养成的习惯。

我原来一直用一个大的商务记事本，把它放在手提包时，担心被压，也不喜欢被过多无用信息骚扰。于是我决心分开，用日程表式的记事本来记录每天要做的事情，再准备一个小的笔记本，就可以了。

这个方法让我头脑清晰，心情也轻松不少。

我养成在笔记本写感言的习惯后，竟感觉自己对事物的观察力提高了不少。

写写旅途中漂亮的风景，写写所见所闻，或许无形中也增加了大脑的灵活性吧。

酣然而眠

我看到因失眠而苦恼的朋友们，真心感到他们的痛苦和可怜。

我从小就是一个睡得香的人，前一阵子早晨发生地震，我竟然毫无所觉，醒来才发现有这么一回事。

若是白天活动量较大，晚上还会睡得更好。

我曾经拜托先生："如果发生什么事情，一定把我叫起来！"虽说是夫妇，但毕竟是不同个体，在关键时刻，能否起作用呢？我甚至曾经这样想。

"怎样能睡得香？"经常被朋友问到，不知道能否给大家一些参考，总结一下我酣然而眠的方法：

睡前两小时，控制饮食。我喜欢红酒，普遍认为睡前喝酒助睡眠，但我恰巧相反，喝酒后反而影响睡眠。我只在疲劳时，晚饭后一个小时内喝些红酒。

为了养护神经，我会喝一些德国洋甘菊等花草茶，或是热牛奶。如果感到肚子饿了，会吃十几粒巴旦木，或咬上两三片仙贝。

我在博客上也介绍过，如果看海外推理小说，只要3页左右，就会立即投降于"睡魔"。

我貌似属于那种"越恐怖睡得越快"的类型。香喷喷睡了一个晚上，早上醒来时特别振奋，鼓励自己"今天也要加油！"整个人感到特别幸福。

专心吃饭，用心生活

今天吃的食物会在三天后、一周后、一年后，甚至十年后，转化成你身体中的 60 兆个细胞。

一味依赖方便食品或在外用餐，不仅高热量、高盐分，也无法吃足够的蔬菜，容易造成维生素及矿物质不足。

保持平衡的饮食生活真的很重要，它既可以增强免疫力，又可以防治肌肤粗糙、肩痛、腰痛、骨质疏松、忧郁症等。

根据研究报告指出，平衡的饮食生活，不仅对身体，对心灵也有很好的影响。

我是个很爱美食的人。一直相信，世上没有一种物品能比美食更让我精力充沛、精神抖擞。但是，到了一定年纪，我就开始注意进口的食物了，几乎到了神经质的程度。食物不只要"吃得美味"，还要"吃得健康"。

我偶尔也光顾小有名气的西餐厅，但平时的早饭一定自己亲自动手。做早饭的时间定在 15 分钟左右。早餐很简单，一般都是大酱汤、米饭，加上纳豆、鱼、蔬菜为主的和食。有时，我也会考虑增加一些自己腌制的小咸菜，或改变一些大酱汤的原料。永远的大主题，多变的小插曲。

饭食以新鲜蔬菜为主，肉以脂肪少的精肉为主，鱼多选用小鱼或脊背深色的鱼，加上豆类及发酵食品。虽然分量不多，但营养平衡。

每周喝两次红酒，一次只喝一杯。

这样的"用心生活"，当然是为健康，也是为自己。当一个人有努力的目标，就能维持稳定的心情。

忘情感动

辛苦经营的事情，终于一朝落地时，我会情不自禁地大声欢呼："太好了！"

最初周围的人会很吃惊"这是干什么啊？"

然而，我全身散发出"成就感"的喜悦，周围的气氛也就变得明媚了。

人的一生，总有各种或大或小的感慨，"奶油泡芙做好了！""香蒜辣椒意大利面做得比有名西餐厅好吃！""新项目成功了！"等等。我们不论事情大小，都应该怀有一颗感激的心。

当我们热衷的某件事情终于大功告成时，全身心都充满了感动的快乐，也感染了周围的人与物。

这样懂得感恩，容易被打动的老太太，不会惹人憎恶，反而是不是有些可爱呢？感动自己，感染他人。

从此以后，心怀感恩之情，善于发现周围感动之事，大声喊出你的快乐吧。

活动筋骨

每天早晨，在我家门前，总会看见一位老先生骑着自行车，英姿飒爽，翩然而过。

某一天，我终于忍不住开口："好精神啊！您多大年纪？"然后得知那位老先生已经 78 岁了。他佩戴着"自行车管理监督员"的环状斜带，越发精神倍发。

早晚各花一个小时到处巡逻，确认是否有随意放置的自行车，一小时 1000 日元。这是他每天的工作。

据说他的初衷是为了锻炼身体，现在从事这份工作已经接近十年了。

不仅如此，他还笑嘻嘻地说，一个月 10000 日元的薪水虽然不多，但足以给孙子当零用钱，或者去喝杯自己喜欢的咖啡，自己劳动挣钱永远了不起！说到这些，老人总是一脸的笑容。

为了将来不变成"宅"老人，保持健康和活力，我们在每天或忙或闲的生活中，还是要适当活动身体。

每天早上，我们一定要打开窗户，呼吸新鲜空气，让全身都做个深呼吸。

空气流通的房子不易积灰，新鲜的空气进入体内，还能产生干劲、充满能量。

干净的房间待起来十分舒适，健康的心灵让人感到幸福。

这难道不是一举两得吗？

最近，附近公园或空地上流行广场舞，但它并不适合我。因为我不愿意早起，并且不擅长参加团体活动。于是我选择其他适合自己的活动方式，即使年龄增长也不会荒废的活动。

运动不仅使身体得到锻炼，而且也活跃了神经细胞和脑细胞，增加人脑中的两性化合物肽的活性，并有助于将心灵中的忧郁变得积极开朗。

我虽然休息日总是难以在家务中抽身，但一定要去附近便利店走走，可以"买点喝的酸奶"，也可以"在年轻人堆里，看些周刊杂志"，其实只是出去透透气，换个心情。

我认为这样的生活，无关年龄，只要你愿意，就可以。

坚持锻炼身体，是健康重要的一环，它可以使身心都达到减龄的效果。

我趁 55 岁生日的机会，养成每周去 3 次健身房的习惯。

我的计划是每周 3 次，每次两个小时左右，即使偶尔做做逃兵也没什么。难得的运动，如果规定"必须要去，必须要这样"反而增加了压力和心理负担。

我也不事先强行定好运动内容，而是选择一些悠闲慢拍运动，伸伸筋骨，活动开身体。

如果心情好，也会去游泳池游泳。不过，我在游泳池里缓缓地活动，妥妥地享受运动之美。

即使不去健身房，日常生活中，也可以进行提高身体素质的练习及锻炼。

既不需要花钱，也不需要大块时间，随时都可以。不是边运动边做家事，而是边做家事边运动，在生活之余做好运动。这是我喜欢的方式!

下面介绍一下自己的"边运动"方法。

● 淋浴结束后，边伸展手腕及身体边擦干。让两个手腕和后背的肌肉充分伸展，身体可以变得柔软。

● 穿鞋或袜子时，边单脚交互抬起边穿。同时也要注意不要摔倒。

● 锻炼结束后，转转头和肩膀。

● 在厨房，从高处往下拿东西时，会伸肩展背；在低处做家务时，会屈膝伸腿。

● 接打电话时，可以原地踏步，或单腿站立接听。

● 早晨起床，每次取报纸时，会伸展后背。现在身体似乎也记住了"取报纸 = 伸背"这样的信号。

● 出去散步，既可换个心情，又可锻炼腰腿及下半身的肌肉力量。不要慢慢吞吞，步伐稍微快点儿比较好。

● 使用吸尘器或擦玻璃时，是"边运动"的最好时机。

一边使用吸尘器，一边抬抬脚，收收腿；擦玻璃时，如果试着将手伸得高一些，手部肌肉就会绷紧。

生活中的"边运动"，仅仅是五分钟的运动，也会有效果的。这点我深信不疑。

这就是所说的"聚尘成山，聚沙成塔"的生活习惯。

抱持轻松愉快的心情，养成细水长流的习惯才是关键。

没有"来不及"，也没有"为时已晚"。

无论到什么年龄，只要活动身体就能锻炼肌肉。

与回忆保持若即若离的关系

岁月流逝，回忆也会随之增加。

对 30 岁而言，20 岁的事情，只是简单地过去，没有怀念和思考；

到了 40 岁，二三十岁的记忆偶尔会掠过心头，但马上又被忙乱的现实所淹没，仿佛一个"遗忘的彼岸"；

可是，过了 50 岁，往昔的一切，都会慢慢涌上心头，怀念、嗔恋……各种回忆一点点现实般地复苏。

毕业后我曾经和某个男同学约好在京都的苔寺重逢，甚至详细约定好时间和地点。后来我在东京开始了新生活，被现实中的各种忙乱所累，当意识到当初的约定时，已经是数年之后。

后来再也没和那位同学联络，也没有见面。那位同学是一位信守承诺的人，我一直不知道他当时是否去了约定的地点。我在生活的颠簸辗转中，迎来了人生的 60 岁舞台。

纯情阳光的他，也许真的去了苔寺！不是也许，是一定，他一定来过！

有时感觉自己是个受害者，有时又感觉自己是个加害者。青涩的年纪，青春的时代，那些淡淡的约定，没有被时间磨蚀褪色，反而随着岁月更替，如同陈年的爱情，经过着色蜕变，锤炼为历久弥新的回忆，既怀念又饱含歉意。

曾经唯一的、简单而纯情的约定，似乎被命运所捉弄。对现在 60 岁的我来说，它只能是故事，这种情怀不可能再有第二次，似乎感伤得有些离题……

也许所谓的回忆，会比过去曾有的真实更加美丽，给我们思想的任性，给我们心灵的缅怀，给我们自说自话的安慰。

眼角布满皱纹抑或是脸上长满斑点的老爷爷或老奶奶，经常逢人就讲，或是自说自话："过去真美好啊"，"曾经有过什么壮举"，"走在路上所有人都会回头看"，等等。毫不相关的外人听到这些仿佛有些愚痴、自满的话，也许只会问"那究竟是为什么"，但之后他们再次听到时，恐怕会小声嘟囔一句"又来了"，这总是遭人厌烦的吧。

对老人来说，自己的回忆是至宝，但在那些毫不相关的他人眼中，特别是年轻人，简单的那段过去没有什么意义，如同垃圾一样一点都不重要。

所以我告诫自己：回忆要放在心底，偶尔静静感伤怀念，不逢人就讲，不将其作为茶余饭后的谈资。

管理时间

时间并不是无限的，当我们意识到这一点时，对时间的感觉就会发生翻天覆地的变化。

当意识到不知不觉数年已过去时，我们只能感叹和惊讶时间流逝速度之快。

此时，我们更加珍惜有限的时间，重新思考其重要性。

想想自己，还可以欢度几次春节？

假设现在50岁，可以活到90岁，那么我们能迎接40个新年。

如果我们60岁，那么我们还有30个。

像这样重新数一数，自己拥有的人生时间就残酷地清清楚楚了。

话说回来，我们也没必要为时光短暂而悲春伤秋。

余生三十年也好，四十年也好，大家都是平等的，总有终结的一天来临。

正因为此生有限，所以需要我们用心经营，让属于我们的每一天都能平稳朴实、快乐地度过。

　　好好地利用时间的人，绝对能让人生更充实，丰富心灵，简约生活。各位第一件要做的事情就是，专注于眼前的重要事物。

放心将事情交给别人处理

"拜托"别人做某事和将某件事"交给"别人做，意义截然不同。

差别在于自己的定位，"拜托"别人是将自己放在被动的位置，"交给"别人则是将自己放在主动的位置。

有的专业主妇，家务活完全大包大揽，从未将家事交给别人，包括自己的老公，但请你一定要磨炼一下"交付力"。

试想终有一天，我们体力渐衰，自己一个人不能料理家务时，如果不能把交付给别人的事情很好地转达，无论自己，还是对方，都会很着急吧。

"不能懂我"这种感觉最让人烦躁疲惫，心绪不宁。

平时，我们就想好交付别人的事情和居家空间，然后事先想好委托事项怎样很好地转达给对方。

例如，浴室扫除怎样拜托别人呢？

如果是专业人士，值得信赖，直接委托，工作结束后检查一下就好了。但是，如果要交给家务完全外行的家人，一定要先准备好扫除工具，然后将浴室分为浴缸内外、地板、墙壁、换气扇等小块区域。最后，将平时我们经常用的"擦拭""蹭掉"等方法简单地转达给对方。

最重要的是，无论结果怎样，也绝不能抱怨，而是要连声"道谢"。即使是门外汉，只要打扫了，总应会比不打扫干净一些。

一切事情都自己一个人承担并不是明智之举。

如果你一直认为所有家事都要自己一个人做，只会造成心灵负担，久而久之便没力了。

趁现在还年轻，将能委托给别人做的事情试着交付给别人，练就"交付力"吧。

善于借助他人的力量，你会发现，身体和心灵会想象不到的轻松。

心知喜悦

　　用不给人添麻烦的方法，最大限度地取悦自己的内心。

　　我喜欢天空，每天一定会抬头仰望，做深呼吸。

　　极其简单的动作，却可以缓解我们日常生活中的精神压力。

　　当心灵疲惫，感到"没精神"时，一定要想想怎样让自己心情好起来。

　　例如，定下时间和主题，看看电视或电影。

　　如果我们只是继续拖拖拉拉地看电视，这是不健康的，更浪费时间。

　　原来我对不现实、不亲民的片子，没有热情，但最近却爱上了爱情剧和喜剧，或开怀大笑，或纵情哭泣。

　　也有研究结果表明：无论笑，还是哭，都有消除精神压力的效果。特别是笑，即使敷衍了事，做做样子，也可以让自己感到开心。

　　当你觉得有趣，放声大笑时，心灵也会欢悦明媚起来，有一种"拨云见日"的感觉。

笑出声音，也是有益健康的。

只要大笑出声就能精神焕发，神采奕奕，让自己充满干劲，想要"打扮漂亮出门"，效果真的很好。这已经成为一种时尚。

欣赏国外电视剧时，单单只是一些饮食方式，或看看冰箱中的食品，就可以了解不同国家的生活习惯，每次都能给我很多新点子。

此外，新女性得体而有品位的装束，只是欣赏时尚服装的款式，就足以让人着迷。由于这些戏剧都有顶尖造型师在幕后打造角色造型，因此极具参考价值。

前几天，我在冬季半价促销中，发现了一件下摆带着仿造鸵鸟毛的黑色连衣裙，毫不犹豫地买了。

我想起爱情剧中，优雅阔步在纽约街头的女主人公穿得就是这样的裙子！

虽然，现实中不可能这么穿。但一条如此相像的裙子，却让我心情年轻，仿佛真的成为那个年轻貌美的女主人公。

偶尔，这样的冲动购买也会给心灵带来慰藉。

虽然我会因为购买一件新衣服而要扔掉两件旧衣服，多少有些浪费时间。但偶尔遇到让内心雀跃不已的美丽意外也是好事一桩。

也许它不合他人眼光，但穿着这样一件很显年轻的连衣裙走在大街上，你会感觉轻飘飘的，如同小鸟一样雀跃，心在开花，在翩翩起舞，姑且不论看起来如何，我的内心有一种回到 20 岁的感觉！

无论几岁，我都想保持年轻，永远时尚！

所以，现在开始寻找心灵欢悦的东西！这种意识是最重要的。

拥有一个人的"心灵小屋"

某个冬天散步途中，我信步走进一家星巴克，喝一杯热咖啡，温暖身体。

或许是休息日的缘故，亦或许是清晨的缘故，平素年轻人混杂的星巴克，今天格外的疏落与安静。

抬眼时，一位满头白发的老太太，大约 80 岁的样子，端一杯咖啡细斟慢酌，在略空旷的咖啡店里，显得那么端庄、从容和优雅。

在德国生活时，经常可以看见老人在水岸酒吧的阳台上悠闲地品尝咖啡。他们也许在寻找属于自己一个人的特别之地吧，让自己的心沉静下来，躲避一时喧杂，寻求一方从容。

年轻时，我喜欢居酒屋里的吵吵闹闹，自己也乐于哗然，并且心悦不疲。但是，随着年龄增长，心里渐渐渴望一个不为人知的地方，可以一个人静静地思考，可以一个人读书看报，一个人……

如果时间允许，森林中的小屋，或是海边的房子是最理想的选择。

话说回来，只要有需求，你生活周遭也有许多适合的地点。

家附近的公园、公共图书馆、美术馆、饭店大厅、开放的咖啡馆等等，安静怡人。只要是可以久坐的地方，都可以成为自己一个人的"心灵小屋"。

你可以读书，可以编织，可以欣赏来来往往的行人，也可以什么都不做，一个人发呆；无论在什么地方，只要做一件自己能做的事，心情就会很放松。

我喜欢大自然，喜欢抽出时间，去海边、山里游玩。

开车大约两个小时的距离或是搭电车3个小时可以到达的地方。

海边、山里是我经常去的地方，喜欢的地方都是心灵的栖息之地。

因为经常去的关系，我无须再查列车时刻、路线等等，更不会迷路，或走错方向。即使年纪渐长，也可以安心出行，到达属于自己的心灵之地。

一个人的日子，一个人游走。

悠闲度过的专属时光是心灵最好的犒赏。

"待客"和"做客"之道

在家里招待客人，房间的大小不是问题。

能否不勉强、自然地迎接客人，纯粹是心灵的问题。

步入老年后，一个人在家的日子多了起来，一杯茶、一把椅子，两三个好友，喜欢这样简单轻松的生活。

前几天，我在报纸广告中看到了高级老年公寓的传单。

但入住条件中明确标明"拒绝爱说人闲话的老人"，看到这一条我不由得笑了出来。

这大概是将闲话与家常话混为一谈，而最终造成公寓内的混乱吧，莫非这样的老人多了起来？

为了避免成为那样不招人喜欢的老太太，似乎有必要学习今后与人相处、交往的方法。

在此之前不擅长家中待客的人，只需一点点用心，便能成为"待客高手"。

所以，让我们从待客与做客的方法开始入手吧，我的做法是在家里放一套"待客餐具"。

在一个小浅盘里放一组茶碗与茶碟，再加上放点心的小盘子，真的很简单。基本上所有人都可以接受日本茶，只要算好时间煮水即可。不想等客人来后，再慌忙地准备客用茶具，那份急乱足以让人心灵疲惫，所以有这样一套用具，就可以安心了。

我在德国生活时，经常被邻居或朋友们邀请："来喝杯茶吧？"

干净怡人的房间里，托盘里放着红茶和茶壶，旁边还有小蛋糕和饼干。如果客人都是德国人，只准备咖啡应该就可以了，但考虑到我的日本人身份，特地为我准备了"红茶"。

"咖啡还是红茶呢？"朋友轻轻问我。

如果德国人拥有了这样的"待客套装"就不会有国别负担，可以简单地招待客人了。

我借用优雅的德国式的"待客套装"，创造了适合自己的"待客套装"。

拥有这样自我风格的"待客套装"，来客人时你就不用再找这找那，也不用再去过多考虑，心情也会轻松，也能开心地招待客人。

房间、浴室、洗手间、厨房等用水场所，要始终保持清洁，保持随时可以欢迎客人的状态。

客人常来的房子通常都很整洁，也能帮助你维持良好的人际关系。

下面是做客的规则。

赴约时间比约定时间推迟5分钟以上为好。如果你去得过早，对方也许还未准备好。

曾经有一次，一个客人提前一小时到来，"叮当"一声按响了我家的门铃，"我早到了！"笑盈盈的她，吃惊的我。

我还没有做任何准备，并且手头还有其他重要的工作……

拜访的礼物，我选择插花和巧克力。如果是盆栽，它还需要照顾培育，可能会造成主人困扰。

巧克力耐存放，只吃一口，就可以补充能量，属于长寿食物。

即使被挽留，我也把访客时间控制在两小时内，绝不久留。

拜访结束的当天，我会发短信感谢亲友。若对方是长辈或上司，我一定会打电话致谢。

最重要的就是聊天内容。我们天南地北地闲聊一些正面积极的话题，但不谈共同朋友的流言蜚语。

"温暖、轻松、简单"是共通的待客之道。

我在德国生活时，曾经学到的"待客及做客"的智慧，如今已经融会贯通，创造出适合日本生活、适合我自己的方式。它抚慰心灵，帮我转换心情，成为生活中的一部分。

摆脱"羡慕别人"的想法

凡是"不攀比""不担心""不竞争"的人，心灵安稳平和，更易幸福快乐！

如果在过去的人生中，你总是抱怨"为什么我总是这么不幸？""为什么总是不顺呢？"那么你的未来也会一直抱怨下去。

正因为与别人比较的行为，才会滋生羡慕忌妒。

人生中总会有各种遭遇，我们不能放弃与他人比较时的一喜一忧的话，永远也得不到心灵的安稳平和。

试想自己一个人住在无人岛上，没有与自己比较的对象，只能自己一个人活下去。

你就会从"为什么只有我这样"羡慕忌妒的感情中解放出来，生活慢慢趋于平和。

偶尔，我们也做做"无人岛的居民"，绝对能帮你保持心灵的平和宁静。

我在德国之所以生活得很快乐，是因为我的邻居独善其身，让人心里很舒服。

前文已经介绍过，房东太太曾经提醒我"玻璃太脏了"。德国人很注重邻居的窗户、阳台是否整洁，甚至院中的草坪有没有定期整修，但他们绝对不管别人家里的家具和私人物品。

每个德国人都有自己对于物品的喜好与坚持，建立自己独特的生存方式，也就是生活形态，因此他们不会羡慕别人怎么过或拥有什么。

"自己是自己，别人是别人"，这种观念很彻底。

最重要的是，德国人被人依赖或委托时很亲切。"有困难，请别客气，随时说出来。"

一样米养百样人，这就是所谓的人生百态。

要养成经常自问的习惯，"自己想做什么""自己是怎么考虑的"。

久而久之，你就会发现适合自己的风格，再也无须羡慕他人。

不过，不在意别人的想法并非"完全不管他人"，而是一边寻找最佳距离，一边不过多干涉，也不忘给对方体贴和关爱。

重新整理"与另一半的关系"

虽是多年的夫妻，但也深深地体会到男女之间那条无法跨越的鸿沟。

心理学家约翰·格雷（John Gary）曾说："男人来自火星，女人来自金星。"

果然如此，我家"火星人"和"金星人"的分歧也很多。

我常以家常为话题闲聊，但先生却关注谈话内容，开始考虑具体的解决方法。

于是我赶紧跟他说："不用那样深刻吧？"他会说："那你为什么说呢？"两个人之间总会产生尴尬的气氛。

妻子嗔怪："还能不能轻松地聊天了？"

先生委屈："特意为你认真考虑了，还不领情……"

类似的分歧长年累积，产生数不清的误会，很可能导致夫妻关系结束或不协调。

女性会以自己的烦恼起头，制造聊天的机会；男性则习惯